装配式建筑配件质量
检验技术指南

翟传明　王娟娟　张超　等　编著

中国建筑工业出版社

图书在版编目（CIP）数据

装配式建筑配件质量检验技术指南 / 翟传明等编著
. —北京：中国建筑工业出版社，2020.9
ISBN 978-7-112-25333-3

Ⅰ.①装… Ⅱ.①翟… Ⅲ.①装配式构件-建筑材料
-质量检验-指南 Ⅳ.①TU5-62

中国版本图书馆 CIP 数据核字（2020）第 137470 号

内容提要

　　本书通过对比国内外装配式建筑及相关配件的发展情况，对国内常用的几种不同类型的吊装、临时支撑及夹心保温墙板连接配件进行了详细介绍，包括配件分类、工作时的外荷载情况、受力机理及破坏状态、承载力计算公式、检验方法和合格判定标准等。

　　本书基于大量调研和试验结果，通过系统分析给出了不同配件在进厂检验、出场检验以及施工现场进场检验各环节中的检验参数、抽样数量、仪器设备情况、检验方法及合格判定标准。尤其在配件力学性能检验方法的选取方面，笔者通过大量拉拔、剪切试验并参考已有标准中所采用的方法，给出了多种不同的检验方法及其优缺点对比，可为装配式建筑配件设计、施工、检测等相关工程技术人员提供参考和依据。

　　责任编辑：周娟华
　　责任校对：赵　菲

装配式建筑配件质量检验技术指南

翟传明　王娟娟　张超　等 编著

*

中国建筑工业出版社出版、发行（北京海淀三里河路9号）
各地新华书店、建筑书店经销
北京鸿文瀚海文化传媒有限公司制版
天津翔远印刷有限公司印刷

*

开本：787×1092毫米　1/16　印张：10¾　字数：264千字
2020年10月第一版　2020年10月第一次印刷
定价：**48.00**元
ISBN 978-7-112-25333-3
（36315）

前　言

目前，装配式建筑已经成为建筑业发展的趋势。装配式建筑预制构件中吊装、临时支撑、夹心保温墙板内外叶之间的连接等配件的安装质量直接影响施工安全和整体建筑质量。国家现行标准中并未对装配式建筑配件给出明确的设计方法与构造要求，由于缺乏统一的设计、施工及验收标准，所以设计人员在配件选型时往往依靠经验，而在配件验算时，只能依赖厂家技术手册中提供的设计值和设计方法，同时对配件的施工质量及验收也缺乏依据，导致整个建筑配件在设计、安装和使用过程中存在着较大的安全隐患。本书系统地介绍了装配式建筑中常用配件的力学性能、各环节的检验检测方法及合格判定标准，为配件在使用过程中提供安全、可靠的质量保证。

本书由国家重点研发计划项目"工业化建筑检测与评价关键技术"（项目编号2016YFC 0701800）——"建筑构配件质量验收与检测技术"课题（课题编号：2016YFC0701801）资助编写。配件的部分受力机理、破坏状态及计算公式参考《混凝土结构后锚固技术规程》JGJ 145—2013、《预制混凝土夹心保温外墙板应用技术标准》DG/TJ 08—2158—2017、Building code requirements for structural concrete and commentary ACI 318R-05、Acceptance criteria for fiber-reinforced composite connectors anchored in concrete AC320。本书共 9 章，包括引言、建筑配件分类、建筑配件力学性能分析、建筑配件检验通用要求、建筑配件进厂检验、建筑配件出厂检验、建筑配件进场检验、常用建筑配件安装等内容。本书内容翔实，图文并茂，通俗易懂，使工程技术人员能够快速地了解和掌握相关知识和方法。

本书由中电投工程研究检测评定中心有限公司组织编写，翟传明、王娟娟、张超为主要编写人。其他编写人员具体分工如下：第 1 章编写人员为吴晓媛、李晨、王利中，第 2 章编写人员为杨龙江、吕慧敏、袁芳，第 3 章编写人员为汪训流、左中杰，第 4 章编写人员为袁伟衡，第 5 章编写人员为谭军、胡昕，第 6 章编写人员为白伟亮，第 7 章编写人员为寇应霞，第 8 章编写人员为赫传凯、李永杰，第 9 章编写人员为王锦森，附录编写人员为李晨、金春峰。

特别感谢建研科技股份有限公司徐福泉研究员、HAZ（北京）建筑科技有限公司、HALFEN（北京）建筑配件销售有限公司及国家重点研发计划项目课题"建筑构配件质量验收与检测技术"课题组对本书的大力支持和指导。

由于编者水平有限，书中难免有错漏，恳请广大读者批评指正！如有修改或指教请发电子邮件至 zhangchao4@ceedi.cn。

编　者
2019 年 12 月

3

目　　录

第1章　引言 ……………………………………………………………………… 1

　　1.1　国内外装配式建筑的发展 ……………………………………………… 1

　　1.2　建筑配件在装配式建筑中的应用 ……………………………………… 5

　　1.3　建筑配件质量检验技术现状 …………………………………………… 7

第2章　建筑配件分类 …………………………………………………………… 14

　　2.1　金属吊装预埋件 ………………………………………………………… 14

　　2.2　临时支撑预埋件 ………………………………………………………… 22

　　2.3　夹心保温墙板连接件 …………………………………………………… 27

第3章　建筑配件力学性能分析 ………………………………………………… 38

　　3.1　配件受力分析 …………………………………………………………… 38

　　3.2　建筑配件受力机理及破坏状态 ………………………………………… 50

　　3.3　配件标准承载力确定 …………………………………………………… 60

第4章　建筑配件检验通用要求 ………………………………………………… 78

　　4.1　抽样原则 ………………………………………………………………… 78

　　4.2　检验参数 ………………………………………………………………… 79

　　4.3　检验仪器设备 …………………………………………………………… 80

　　4.4　检验流程 ………………………………………………………………… 81

　　4.5　检验方法及合格判定标准 ……………………………………………… 83

第5章　建筑配件进厂检验 ……………………………………………………… 85

　　5.1　外观检查 ………………………………………………………………… 85

　　5.2　尺寸与偏差 ……………………………………………………………… 88

　　5.3　金属吊装预埋件和临时支撑预埋件（产品）力学性能检验 ………… 95

　　5.4　夹心保温墙板连接件（产品）力学性能检验 ………………………… 97

第6章　建筑配件出厂检验 ……………………………………………………… 103

　　6.1　文件资料检查 …………………………………………………………… 103

　　6.2　外观质量检查 …………………………………………………………… 103

　　6.3　建筑配件类别、数量、规格检验 ……………………………………… 103

　　6.4　建筑配件尺寸与偏差检验 ……………………………………………… 104

6.5　建筑配件力学性能检验 ……………………………………………… 105

第7章　建筑配件进场检验 ……………………………………………… 122
7.1　文件资料检查 ……………………………………………………… 122
7.2　外观质量检查 ……………………………………………………… 122
7.3　建筑配件类别、数量、规格检验 ………………………………… 122
7.4　建筑配件尺寸与偏差检验 ………………………………………… 122
7.5　建筑配件锚固性能检验 …………………………………………… 123

第8章　常用建筑配件安装 ……………………………………………… 127
8.1　金属吊装预埋件安装 ……………………………………………… 127
8.2　夹心保温外墙板连接件安装 ……………………………………… 131

第9章　总结与展望 ……………………………………………………… 138

附录A　金属吊装预埋件力学性能试验研究 …………………………… 139

附录B　FRP连接件力学性能试验研究 ………………………………… 145

附录C　桁架式不锈钢连接件力学性能试验 …………………………… 150

附录D　不锈钢板式连接件力学性能试验 ……………………………… 156

附录E　夹心保温墙板连接件抗剪试验装置 …………………………… 163

参考文献 …………………………………………………………………… 165

第1章 引言

1.1 国内外装配式建筑的发展

装配式建筑通过现代化的制造、运输、安装和科学管理的大工业生产方式，代替传统建筑业中分散的、低水平的、低效率的手工业生产方式。装配式建筑使传统的建筑业生产方式向装配式生产方式转变，其基本内涵是以绿色发展为理念，以技术进步为支撑，以信息管理为手段，运用装配式的生产方式，将工程项目的全过程形成一体化产业链。它的主要标志是建筑设计标准化、构配件生产工厂化、建筑施工机械化和组织管理科学化。

建筑装配式的基本内容包括：先进、适用的技术、工艺和装备，科学、合理地组织施工；提高机械化水平，减少繁重、复杂的手工劳动和湿作业；发展建筑构配件、制品、设备生产，为建筑市场提供各类建筑使用的系列化的通用建筑构配件和制品；制定统一的建筑模数和重要的基础标准（如模数协调、公差与配合、合理建筑参数、连接等），合理解决标准化和多样化的关系，建立和完善产品标准、工艺标准、企业管理标准、工法等，不断提高建筑标准化水平；采用现代管理方法和手段，优化资源配置，实行科学的组织和管理，培育和发展技术市场和信息管理系统，适应社会主义市场经济发展的需要。

装配式建筑具有以下特征：①设计和施工的系统性；②施工过程和施工生产的重复性；③建筑构配件生产的批量化。

实现建筑装配式发展应从设计开始，建立新型结构体系，包括钢结构体系、预制装配式结构体系，让大部分的建筑构件实行工厂化作业，减少施工现场作业。施工上从现场浇筑向预制构件、装配式方向发展，建筑构件以工厂化生产制作为主。与传统建筑相比，装配式建筑具有如下特点：

（1）建筑品质好：自动化流水线和现代数控技术提供了稳定的制造环境，按照质量检验标准严格控制产品出厂质量，尺寸偏差小、施工误差小、精度以毫米计算，基本消除了传统施工中常见工程质量问题；构件外观平整，将建筑功能、施工预埋、水电预埋在工厂内集中考虑，以优化设计；可采用各种轻质隔墙分割室内平面，灵活布置房间，为建筑设计提供了空间。

（2）施工速度快：不受作业面和外界环境的影响，可以成批次地重复制造；减少了现场湿作业和模板作业，缩短了工期；大量的施工工序由露天转到工厂，这样一方面减少了人工，另一方面便于提高工人熟练程度，提高劳动生产率，从而缩短生产周期。

（3）施工方便：装配式建筑在施工现场的作业主要是采用专业吊装机械进行吊装、固定、安装，只需合理地组织施工顺序即可快速完成建筑物的建造。

（4）节约成本：通过采用工业化生产方式，预制率达到 90% 以上时，施工现场模板用量减少 85% 以上，脚手架用量减少 50% 以上，钢材节约 2%，混凝土节约 7%，抹灰人工

1

费节约 50%，节水 40%以上，节电 10%以上，耗材节约 40%。

（5）节能降耗：减少施工现场对煤炭、土地等基础资源的消耗，采用复合夹心保温墙板技术可提高建筑外墙的热工性能，在设计和生产阶段能够不断进行优化，充分循环利用建筑废水、废料。

（6）保护环境：现场湿作业和模板作业大大减少，相应地减少了施工现场的污水废料排放、扬尘噪声污染，施工方式更为绿色、环保。

装配式建筑根据结构形式可分为装配式混凝土结构、装配式钢结构和装配式木结构。其优点是建造速度快，受气候条件制约小，既可节约劳动力，又可提高建筑质量。

装配式建筑采用标准化构件，通过应用大型工具进行生产和施工等建造。建造方式分为工厂化建造和现场建造两种。工厂化建造方式是指采用构配件定型生产的装配施工方式，按照统一标准定型设计，在工厂内成批生产各种构件，然后运到工地，在现场以机械化的方法装配成房屋的施工方式。现场建造方式是指直接在现场生产构件、组装构件，生产与装配过程合二为一，但是在整个过程中仍然采用工厂内通用的大型工具和生产管理标准。

1.1.1　国外装配式建筑的发展

法国是世界上推行装配式建筑较早的国家之一，从 1891 年开始实施装配式混凝土建筑的构建，它创立了以全装配式大板和工具式模板现浇工艺为标志的第一代装配式建筑，之后开始向以通用构配件制品和设备为特征的第二代装配式建筑过渡。经过数年发展，法国的装配式住宅体系现已由专用体系向通用体系过渡，由住宅向学校、办公楼、医院、体育馆及俱乐部等公共建筑发展。

第二次世界大战后，欧洲国家大批房屋遭到战争破坏，城市化发展处于高峰期，人口剧增，为了解决房荒问题，各国开始研究使用生产工业品的方式组织住宅建设，形成了一批完整的标准化、系列化的装配式建筑住宅体系，并延续至今。20 世纪 60 年代，装配式住宅遍及整个欧洲，并扩展到美国、加拿大、日本等发达国家。

20 世纪 50 年代，瑞典和丹麦开始有大批企业开发混凝土、墙板装配部件。目前，新建住宅中通用部件占 80%，既满足多样性需求，又达到了 50%以上的节能率，比传统建筑的能耗有大幅度下降。丹麦是世界上第一个将模数法制化的国家，而国际标准化组织 ISO 模数协调标准即以丹麦的标准为蓝本来编制的，故丹麦推行建筑工业化的途径实际上是以产品目录设计为标准体系，使部件达到标准化，然后在此基础上，实现多元化需求，所以丹麦建筑实现了多元化与标准化的和谐统一。

苏联及东欧一些国家，根据其社会经济特点，把发展住宅的定型设计、优先推广工厂生产的预制构配件作为国家的技术政策来实行。这些国家在 20 世纪 50—60 年代以装配式大板住宅建筑体系为主，探索标准构件的通用化体系，同时也结合各国的具体条件，适当发展现浇以及现浇与装配相结合的装配式住宅体系。

1975 年，欧洲共同体委员会为了消除对贸易的技术障碍，协调各国的技术规范，决定采取一系列措施来建立一套协调的用于土建工程设计的技术规范，最终取代国家规范。1980 年产生了第一代欧洲规范，包括 EN1990—EN1999 等。1989 年，欧洲共同体委员会将欧洲技术规范的出版权交于欧洲标准化委员会，欧洲标准化委员会发布了与预制构件质量控制相关的标准，如《预制混凝土构件质量统一标准》EN 13369 等。

美国在 20 世纪 70 年代能源危机期间，开始实施建筑配件化施工和机械化生产。住宅用构件和产品的标准化、系列化、专业化、商品化、社会化程度接近 100%，各种施工机械、设备、仪器等租赁非常普遍，混凝土商品化程度达到 84%，装配式住宅市场发育完善。美国城市发展部出台了一系列严格的行业标准规范，一直沿用至今，并与后来的美国建筑体系逐步融合。总部位于美国的预制与预应力混凝土协会 PCI 编制的《PCI 设计手册》，其中就包括了装配式结构相关的部分，该手册在美国乃至全球均有广泛的影响力，从 1971 年第 1 版至今第 7 版，该手册与 IBC 2006、ACI 318-05、ASCE 7-05 等标准相协调。

20 世纪 60 年代初期，为了简化现场施工，提高产品质量和效率，日本对住宅实行部品化、批量化生产。因此，日本是世界上率先在工厂里生产住宅的国家。其装配式住宅结构体系主要以轻钢结构为主，占装配式住宅的 80% 左右；20 世纪 70 年代形成了盒子式、单元式、大型壁板式等装配式住宅形式；20 世纪 90 年代至今采用的产业化方式形成了住宅通用部件，其中 1418 类部件已取得优良住宅产品认证。1963 年成立的日本预制建筑协会在推进日本预制技术的发展方面作出了巨大贡献，该协会先后建立 PC 工法焊接技术资格认证制度、预制装配住宅装潢设计师资格认证制度、PC 构件质量认证制度、PC 结构审查制度等，同时编写了《预制建筑技术集成》丛书等。

当前，发达国家已从装配式建筑专用体系走向大规模通用体系，即发展以标准化、系列化、通用化建筑构配件、建筑产品为中心，以专业化、社会化生产和商品化供应为基本方向的住宅产业化模式。

1.1.2 我国装配式建筑的发展

我国从 1956 年开始提出建筑工业化发展思路，主要应用在住宅业，20 世纪 50 年代末出现装配壁板式住宅，60 年代出现砖壁板式住宅，70 年代以后开始推广大模板住宅、滑升模板住宅、框架轻板住宅。

1978 年 10 月，中国建筑学会与中国建筑科学研究院联合召开了"工业化住宅建筑研讨会"，会上提出中国应发展装配式大板体系、工业化大模板体系、砌块体系和框架轻板体系，这对于我国装配式住宅的发展起到了积极作用。

1992 年，联合国环境与发展大会提出《世界 21 世纪议程》，我国政府发表了《中国 21 世纪议程——中国 21 世纪人口、环境与发展白皮书》，其中将人居环境列为重要内容，从此开始提出以住宅建设为主题的产业化概念，并首先在住宅科技领域中开始了住宅科技产业示范工程的准备工作。

1995～1998 年，以住宅科技进步为主题的"2000 年小康型城乡住宅科技产业工程"全面实施，为我国的住宅产业化拉开了序幕。从此，我国把住宅产业列为国民经济的一个产业来发展。

1999 年同 1978 年相比，全国城镇住宅竣工面积由 3750 万 m^2 提高到 5 亿 m^2，提高了 13.3 倍，城市人均居住面积由 3.6m^2 提高到 9.6m^2，提高了 2.66 倍，且呈现逐年增长的趋势，平均每人每年居住面积增长 0.27m^2，特别是近几年，城乡住宅竣工建筑面积每年都超过 10 亿 m^2。

进入 21 世纪，《国民经济和社会发展第十三个五年规划纲要》和《进一步加强城市规划建设管理工作的若干意见》提出了推广以装配式建筑为载体的工业化建筑发展计划，以及 "力争用 10 年左右时间，使装配式建筑占新建建筑的比例达到 30%" 的发展目标和要求，确定了以装配式建筑为主的工业化建筑是我国建筑业改革的发展方向，在我国今后新型城镇化进程中，以装配式混凝土住宅为代表的工业化建筑将进入快速、规模化发展阶段。

近年来，国家连续出台多部鼓励装配式建筑发展的政策，特别专项设置了产业化技术指标和体系化技术，为大量住宅建设提供切实有效的保障，从根本上全面推进绿色建筑行动。李克强总理在 2016 年《政府工作报告》中强调，积极推广绿色建筑和建材，大力发展钢结构和装配式建筑，提高建筑工程标准和质量。2016 年，国务院印发《关于进一步加强城市规划建设管理工作的若干意见》中也提出，发展新型建造方式，加大政策支持力度，力争用 10 年左右时间，使装配式建筑占新建建筑的比例达到 30%。2016 年 9 月底，国务院办公厅印发的《关于大力发展装配式建筑的指导意见》指出，要以京津冀、长三角、珠三角三大城市群为重点推进地区，常住人口超过 300 万的城市为积极推进地区，其余城市为鼓励推进地区，因地制宜发展装配式混凝土结构、钢结构和现代木结构等装配式建筑。2017 年 3 月，住房和城乡建设部印发了《"十三五"装配式建筑行动方案》《装配式建筑示范城市管理办法》《装配式建筑产业基地管理办法》（建科〔2017〕77 号），确定了 2020 年装配式建筑发展目标：全国装配式建筑占新建建筑的比例达到 15% 以上，其中重点推进地区达到 20% 以上，积极推进地区达到 15% 以上，鼓励推进地区达到 10% 以上；培育 50 个以上装配式建筑示范城市，200 个以上装配式建筑产业基地，500 个以上装配式建筑示范工程，建设 30 个以上装配式建筑科技创新基地；并且鼓励各地制定更高的发展目标，建立健全装配式建筑政策体系、规划体系、标准体系、技术体系、产品体系和监管体系，形成一批装配式建筑设计、施工、部品部件规模化生产企业和工程总承包企业，形成装配式建筑专业化队伍，全面提升装配式建筑质量、效益和品质，实现装配式建筑的全面发展。

第六届国际绿色建筑与建筑节能大会报告中指出，英国建筑的平均寿命是 132 年，美国建筑的平均寿命是 74 年，而中国建筑的平均寿命却只有 30 年。寿命短的建筑拆除对环境污染严重，建筑垃圾占城市垃圾总量的 30%～40%，约为发达国家的 2 倍。装配式作为一种绿色建造技术，具有可避免未来重复装修、寿命长、免维护、节能环保的优势；在设计过程中，精确建筑构件尺寸，保证建筑具备良好的抗震性能及防腐性能；工厂流水线生产部件、构件，在作业现场只进行装配，大量减少施工过程中的环境污染。伴随绿色建筑的发展，装配式建筑必将成为未来建筑行业的发展趋势。

当前发展装配式建筑的主要依据有《建筑模数协调标准》GB/T 50002—2013、《装配式混凝土建筑技术标准》GB/T 51231—2016、《装配式钢结构建筑技术标准》GB/T 51232—2016、《装配式木结构建筑技术标准》GB/T 51233—2016、《装配式建筑评价标准》GB/T 51129—2017 以及《装配式混凝土结构技术规程》JGJ 1—2014 等国家、行业标准，但标准体系尚不完善。

目前我国装配式建筑发展仍处于起步阶段。具体表现在：

（1）住宅建设的工业化程度低，标准体系尚不完善。住宅施工仍以现场手工作业、湿作业为主，劳动生产率低；生产流动性差，没有形成规模效益；施工周期长，人均年竣工面积长期徘徊在 $22m^2$ 左右。

（2）住宅产品标准化、系列化、配套性差，标准化、系列化的产品不到 20%，组装化的也只有 10%，产品本身性能差、不耐用。

（3）住宅质量，特别是功能质量和环境质量不高，住宅成品质量通病多，满足不了住宅商品化发展要求。

（4）住宅建设的能源消耗、原材料消耗及土地资源消耗，远高于发达国家，住宅能耗为发达国家的 3~4 倍。

（5）住宅产业的科技进步贡献率据测算仅为 25.4%，而日本、美国均在 50% 以上。

（6）使用的各种设备、制品的模数协调体系尚不完善，各种产品的尺寸、性能缺乏标准，通用性差。

我国之前的工业化住宅结构体系缺乏相应的规范和规程，严重阻碍了我国住宅产业化的发展。通过对工业化建筑相关检测与评价关键技术的研究，促进住宅开发模式的改变，解决传统生产方式下建筑产品质量难保证、维修费用高等问题，引导国家相关政策法规的制定，缩小与国外同行业的差距，对推动我国工业化建筑的发展具有重要的意义。

1.2 建筑配件在装配式建筑中的应用

装配式建筑中涉及的配件种类繁多，目前常用的配件主要有金属吊装预埋件、临时支撑预埋件、夹心保温墙板内外墙之间的连接件、灌浆套筒、模板固定磁盒磁座等。这些配件的质量与安装水平与装配式建筑的施工安全和质量息息相关。书中重点研究装配式混凝土建筑构件中的金属吊装预埋配件、临时支撑预埋件以及夹心保温墙板内外墙之间的连接件。在装配式混凝土建筑施工过程中，金属吊装预埋件与临时支撑预埋件贯穿预制构件加工、预制构件运输与堆放、预制构件装配与连接三个主要环节。金属吊装预埋件与临时支撑预埋件是保证三个重要阶段顺利实施的关键配件。夹心保温墙板内外墙之间的连接件是预制混凝土夹心保温墙板重要的组成部分，是保证内外叶墙混凝土墙板共同工作的关键。

1.2.1 金属吊装预埋件

装配式混凝土建筑构件中的金属吊装预埋件通常是指为了完成吊装过程，预埋在预制构件中的金属配件。在装配式混凝土建筑的施工过程中，吊装贯穿了所有施工环节。吊装过程包括脱模起吊、翻转、运输起吊及现场就位吊装等。吊装分为平吊、直吊、翻转吊装三种，如图 1.2-1 所示。

综合考虑金属吊装预埋件节约材料、方便施工，以及耐久性等方面的问题，当前常用的金属吊装预埋件主要有内螺纹提升板件和双头吊钉两类，如图 1.2-2 所示。

1.2.2 临时支撑预埋件

在装配式建筑施工安装过程中，需要为等待吊装的预制构件建立临时支撑系统，以保证吊装安全与施工效率。临时支撑预埋件是搭建安全、可靠、便捷的临时支撑系统的关键配件。临时支撑系统通常采用内螺纹提升板件和外接支撑调节杆两种方式，如图 1.2-3 所示。

图 1.2-1　吊装分类

（a）平吊；（b）直吊；（c）翻转吊装

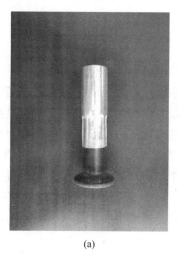

图 1.2-2　常用金属吊装预埋件

（a）内螺纹提升板件；（b）双头吊钉

1.2.3　夹心保温墙板连接件

预制混凝土夹心保温墙板是一种新型复合墙板。这种复合墙板由内外层混凝土、中间保温层和连接件组成，具有保温性好、结构功能一体化等优点。夹心保温墙板连接件是用于穿过保温材料，两端分别以一定的深度锚固在内叶墙和外叶墙混凝土之中，使外叶墙板承受的外荷载传递至内叶墙板的配件。连接件是预制混凝土夹心保温墙板中特别重要的一环，其主要功能是保证外叶混凝土墙板在竖向荷载作用下自身的稳定性，传递内外叶混凝土墙板之间的竖向和水平荷载，协调内外叶混凝土墙板之间的变形。

夹心保温墙板连接件按材料类型可分为不锈钢板式连接件、桁架式不锈钢连接件和

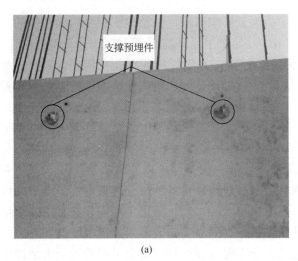

（a）   （b）

图 1.2-3　临时支撑预埋件

（a）内螺纹提升板件；（b）外接支撑调节杆

FRP（Fiber Reinforced Polymer/Plastic）连接件，如图 1.2-4 所示。上述连接件的材料组成包括碳钢、不锈钢、镀锌碳钢、碳纤维增强聚合物（CFRP）、玻璃纤维增强聚合物（GFRP）和玄武岩纤维增强聚合物（AFRP）等。普通钢筋连接件因为造价低、施工方便，可以制成各种形状，使内外叶墙体共同工作，保证墙体的复合作用，但由于热桥效应的存在，大大影响了墙体的保温效果，节能环保性能差，如今使用范围有所减少。不锈钢连接件耐腐蚀性能好、导热系数低，市场占有率逐年提升。FRP 连接件具有导热系数低、强度高的特点。另外，相比于普通钢筋连接件，CFRP 和 AFRP 连接件的抗疲劳性能是普通钢筋连接件的 3 倍且耐腐蚀性强。

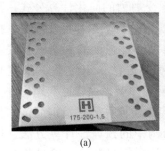

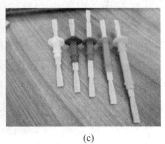

（a）   （b）   （c）

图 1.2-4　常用夹心保温墙板连接件

（a）不锈钢板式连接件；（b）桁架式不锈钢连接件；（c）FRP 连接件

1.3　建筑配件质量检验技术现状

1.3.1　金属吊装预埋件力学性能研究现状

　　金属吊装预埋件在施工过程中受力时间较短，主要受力方式为轴心受拉和偏心受拉。目前国内金属吊装预埋件的相关规范和研究主要有：《钢筋混凝土结构中预埋件》16G362[1]

中给出建筑配件轴心受拉和偏心受拉的计算方法及影响因素，并给出了最小锚固长度的规定；《混凝土结构设计规范》GB 50010—2010[2] 给出了吊环应采用 HPB300 级钢筋制作，锚入混凝土深度应不小于 $30d$（d 为吊环钢筋直径），并应焊接或绑扎在钢筋骨架上，每个吊环按 2 个截面计算的钢筋应力不应大于 $65N/mm^2$，但未给出建筑配件的承载力计算方法；邹先权等（2008）[3] 给出了大桥拱肋缆索吊装系统设计，借助 ANSYS 分析程序来模拟吊装工程中的索力变化，确保结构的受力状态和变形始终处在安全范围内；付兵等（2003）[4] 通过建立长柱内力分析的数学模型，选择吊点位置作为设计变量，以长柱吊装过程中最小弯矩作为目标函数，采用惩罚策略处理约束条件，以"网格法"和"遗传算法"对绳索系统的吊点位置进行了优化求解，通过对长柱在各种拟定绳系最优吊点下的内力比较来确定最优的吊装方案；王秀娟、庞翠翠等（2010）[5] 给出了由锚板和直锚筋所组成的受力预埋件的总截面面积的计算公式和锚板厚度的最小构造要求，提出了锚板外边缘的弯矩是决定锚板厚度的重要因素；殷芝霖、李玉温（1988）[6] 给出了钢筋混凝土结构中预埋件的主要受力为轴心受拉和偏心受拉，给出了周期反复荷载对预埋件的强度影响；李嵩（2014）[7] 通过工程实践总结出工业建筑预埋件施工前的准备工作以及预埋件施工的程序；武汉理工大学的易贤仁、任晓峰（2003）[8] 给出了弯剪型角钢预埋件的承载力主要由两部分组成：一部分是角钢锚筋与混凝土之间的粘结应力（即剪应力），另一部分是由角钢锚筋末端焊接的挡板提供的反力；华南理工大学李康权、王湛（2016）[9] 给出了增加螺栓套管的埋置深度和直径，有利于提高极限承载力，而螺栓套管的埋置倾角对极限承载力影响不大；上海宝冶集团有限公司的尹洪冰、罗兴隆等（2011）[10] 通过对美国混凝土规范墙体预埋件的计算分析及与中国混凝土规范的比较，对墙体预埋件承载力的各项计算进行对比分析；应小林、周雄杰（2005）[11] 根据《混凝土结构设计规范》GBJ 10—1989 预埋件设计规范，给出了由锚板和对称的直锚筋所组成的受力预埋件，在三种应力组合下的简化计算公式及由锚板和对称配置的弯折锚筋与直锚筋共同承受剪力的简化计算公式；预埋件专题研究组（1987）[12] 通过 340 个试件的试验结果，系统地分析了预埋件在纯剪、拉剪和弯剪荷载作用下的受力性能，并提出了计算模式和影响预埋件强度的因素；林安岭（2010）[13] 针对不同特点的预埋件提出了相应的安装与就位方法；王宝珍、张宽权（1981）[14] 通过 75 组 212 件不同类型试件的试验，对钢筋混凝土"剪力—摩擦"理论进行了研究，提出了预埋件承受剪切、纯弯、拉剪和弯剪荷载时的锚筋计算公式及钢筋锚固长度计算公式；黄文莉、何雍容（2001）[15] 提出了电厂建筑结构中的预埋件计算方法、构造要求、施工要求以及材料、节点要求；孙丽思（2015）[16] 从脱模吊装、运输吊装和安装吊装三个方面分析了大型预制混凝土墙板的吊装，给出了吊点的计算和吊装过程；赵勇等（2013）[17] 给出了预制混凝土构件吊装方式及相关施工验算；王从锋等（2001）[18] 提出吊装验算方法，在 13t 以下的中、小型柱常采用单点起吊，对于重型的、配筋少又细长的柱采用两点起吊，对于复杂构件要采用多点起吊。

当前，欧美等对金属吊装预埋件的质量控制重在过程控制，相应的检验检测相对较少。目前国内《装配式混凝土建筑技术标准》GB/T 51231—2016[19] 中规定了预制构件上的建筑配件的质量验收要求，但只对规格型号、数量等进行验收；北京市地方标准《装配式混凝土结构工程施工与质量验收规程》DB11/T 1030—2013[20] 中规定了预埋螺栓、预埋套筒中心位置、外露长度的允许偏差和检测方法。金属吊装预埋件在实际应用过程中，首先由设计人员给出吊装预埋件的设计承载力,施工人员依据设计人员给出的吊装预埋件设计承载力,将吊装预埋件厂家标示的吊装承载力乘以一定的安全系数从而选取相应的吊装预埋件。多数建筑在设计阶段并未给出吊装的设计情况,现场施工人员往往根据经验选取吊点、吊钉及吊钩,这给现场施工带来了较大的安全隐患。

1.3.2　夹心保温墙板连接件力学性能研究现状

在构件生产、运输、吊装和使用工况下,夹心保温墙板连接件的受力状态均有所不同。Wade 等(1988)[21] 最早研究了连接件的受力性能。Ramn 等(1991,1992)[22,23] 研究了 FRP 连接件在静力荷载作用下的抗拔与抗剪性能。Porter 等(1991)[24] 研究了 FRP 连接件在低周疲劳荷载作用下的抗剪性能。A. A Samad(2007)[25] 开展了预制混凝土夹心墙的抗弯性能试验,研究表明:预制混凝土夹心保温墙的破坏模式和传统的实心板非常类似,连接件的存在保证了墙体内、外叶墙板的共同工作。张延年等(2008)[26] 对一种环形塑料钢筋拉结件进行了单侧交替反复拉拔试验,研究了其不均匀受力的特点,结果表明,环形塑料钢筋拉结件可以满足夹心墙的使用要求,而且比普通钢筋拉结件具有更好的抗拉及变形性能。赵考重等(2009)[27] 对外墙钢丝网架聚苯乙烯保温墙体的连接件进行了试验研究,探讨了连接件与保温墙板之间的抗剪和抗拉性能,得到了连接件的抗拉和抗剪承载力及破坏机理,为保温墙板连接件的设计提供了依据。武强等(2012)[28] 对砌体夹心墙体的拉结筋进行了试验研究,提出了在夹心墙内部使用拉结筋的基本特点及性能。杨佳林等(2012)[29] 以北京某住宅工程为背景,对板式 FRP 连接件的材料性能进行了测定,分别对板式纤维塑料连接件进行了抗拔和抗剪性能试验研究,结果表明,连接件的抗拔和抗剪承载力均满足工程设计要求,并具有较大的安全储备。薛伟辰等(2012)[30] 开展了混凝土预制夹心保温墙体纤维增强塑料连接件的力学性能加速老化试验,基于 ACI 440.3R—04 规定的试验方法,分析了侵蚀时间对 FRP 连接件层间剪切强度的影响,研究结果表明:在 60℃模拟混凝土溶液环境下,FRP 连接件的层间剪切强度早期退化较快;侵蚀 36.5d 后,退化速率逐渐变缓;侵蚀后 FRP 连接件劣化区域内的纤维与周围树脂之间出现了明显的脱粘现象,而且随着侵蚀时间的增加,这种脱粘现象更加明显。刘若南(2014)[31] 对预制夹心保温墙板连接件的设计进行了系统的研究,对三种连接件的两种设置方式分别进行了力学性能的理论研究、数值模拟和试验验证,获得了试件的荷载-位移曲线、试件面层位移、剪切极限承载力和连接件的荷载-应力曲线,验证了理论模型的正确性,并进一步提出了两种设置方式的设计方法。孟宪宏等(2014)[32] 对自行设计的三种不同形式的玻璃纤维筋连接件进行了直锚拉拔、弯锚拉拔和剪切试验,通过试验数据和试验现象分析了三种连接件的力学性能,研究结果表明:玻璃纤维筋拥有很高的抗拉强度和直锚锚固性能;连接件端部弧度越大,越容易发生剪切破坏,抗拉强度就越低;玻璃纤维筋具有良好的力学性能,可充当预制夹心保温外挂墙板内部的一种连接件。王雪明等(2015)[33] 对预制装配式混凝土夹心墙体连接件的受力性能和热工性能进行了试验研究和数值模拟,对设置复合式连接件的预制混凝土夹心墙体进行了单侧拉拔、单侧剪切、双侧拉拔、双侧剪切试验研究,基于锥形体拉拔破坏模式,提出了适用于复合式连接件的拉拔承载力计算公式;基于 ABAQUS,对连接件穿心钢筋的剪切性能进行了有限元分析,并通过试验验证了模型的正确性。杨佳林等(2016)[34] 研制出一种新型的 FRP 连接件,并进行了该连接件受剪性能试验。连接件在平面内和平面外两个方向布置，研究了 FRP 连接件与混凝土板间的粘结滑移和应变情况。试验结果表明，试件破坏主要有两种形式，即 FRP 连接件层间剪切破坏和 FRP 连接件拔出锚固破坏。平面外布置的 FRP 连接件剪应力、承载力均比平面内布置得大，延性略低。王勃等（2016）[35] 综述了国内外在 FRP 连接件和预制混凝土夹心保温墙板方面的研究进展，并对今后 FRP 连接件和预制混凝土夹心保温墙板的研究工作进行了展望。彭志丰（2016）[36] 结合西安三星工程对哈芬槽的构成、埋置方式、破坏方式进行了详细介绍，指出忽视哈芬槽中槽钢卷边破坏模式可能导致工程不安全，并给出防止槽钢卷边破坏的实用计算方法。张力等（2017）[37] 通过对槽式预埋件在城市综合管廊中的应用和性能分析，得出槽式预埋件具有设计刚度好、连接简单、轻质高强、安装精度高等优点，槽式预埋件技术大量减少了电力支架的焊接量，将传统的支架制作工艺交由工厂预制加工，提高了效率。江焕芝等（2017）[38] 对一种新型的预制夹心保温墙板钩形钢芯复合连接件开展拉拔试验，对其抗拔承载力、破坏形态、荷载-滑移关系与荷载—应变关系等进行了较为系统的研究。研究表明：试件均发生混凝土锥体破坏，试件破坏时滑移量均较小；连接件抗拉承载力随着混凝土强度等级提高而增大，钩形钢芯复合连接件的抗拔荷载试验值均能满足工程设计要求，具有足够的安全储备。

上海市工程建设规范《预制混凝土夹心保温外墙板应用技术标准》DG/TJ 08—2158—2017 中规定了夹心保温墙板中建筑配件的位置要求及检验方法，以及 FRP 连接件材料耐久性能检验方法。

综上所述，现有研究成果大多集中于将高性能材料应用于连接件，并没有明确给出连接件的设计方法及检测、抽样方法，对连接件抗拔和抗剪承载力及破坏机理的研究相对较少。

1.3.3　建筑预埋配件常见问题

近年来，随着各地住宅产业化项目的实施，我国装配式建筑进入高速发展阶段。建筑预埋配件贯穿了装配式建筑的各个施工环节，然而产品本身、构件设计、施工、环境等诸多因素均可能导致预埋配件损伤或失效。为了确保配件能够安全工作，相关人员必须了解配件损伤的影响因素及各因素的影响情况。

1. 设计不合理

近年来，我国装配式建筑发展迅速，但在预埋配件方面的研究较晚，构件设计水平将直接影响配件施工难度、施工过程中的尺寸偏差以及施工后存在的附加应力，从而影响施工质量以及预埋配件的承载力。

国内关于预埋配件的设计及选用现在尚没有明确的标准和技术规程。目前业内一般采用国家关于混凝土施工设计及安全方面的标准作参考，但这些基本都是仅提供配件受力及荷载计算、布置方式、位置等基本设计要求，未规定长期荷载、周期荷载、多次重复荷载的影响系数，施工现场技术人员对于金属吊装预埋件的安全系数，根据结构重要性一般取 3～5，由于混凝土预制构件尺寸、形状、配筋等不同，对于预埋配件选用的要求和方法也存在差别，因而在配件选用后，需根据预制构件实际情况进行深化设计或验算。国内仅给出锚栓破坏时的承载力计算公式，缺乏设计相关的规范及要求，很多项目在实际设计和施工过程中，都是根据经验进行相应的加工制作，其材质、尺寸、埋深及承载力缺乏合理的依据，存在着诸多安全隐患。

2. 配件产品质量问题

金属吊装预埋件在构件吊装、安装过程中承受一定的动力荷载，其承载能力直接影响装配式建筑的施工安全。不同厂家生产的金属吊装预埋件，其外形、承载能力和构造措施均不同。如图 1.3-1 所示，其质量问题主要为金属吊装预埋件的外观缺陷和尺寸偏差，这些质量问题对其承载力影响较大。外观缺陷主要为配件表面不够光，有压痕、锈蚀、裂纹或污物，镀层或涂层不均匀等。尺寸偏差主要为中心不对中、关键尺寸不符合要求等。

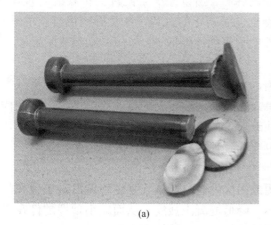

(a)   (b)

图 1.3-1 配件产品质量问题

（a）吊装配件脆性破坏；（b）吊具脆性破坏

预制夹心保温墙板中，内、外叶墙板用连接件连接为一体。连接件的性能直接影响外叶板能否和内叶板可靠连接，而连接件尺寸是控制构件承载能力的关键因素。图 1.3-2 为 FRP 连接件，其关键尺寸为中间段保温层厚度的长度、直径、$L1$ 和 $L2$（锚固深度）；图 1.3-3 为桁架式不锈钢连接件，其关键尺寸为桁架筋高度、直径以及弦杆与腹杆之间的夹角；图 1.3-4 为不锈钢板式连接件，其关键尺寸为板厚度、长度及宽度。

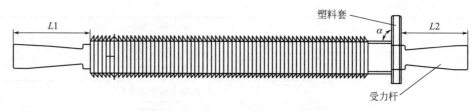

图 1.3-2 FRP 连接件关键尺寸示意图

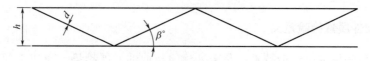

图 1.3-3 桁架式不锈钢连接件关键尺寸示意图

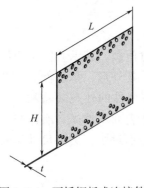

图 1.3-4　不锈钢板式连接件
关键尺寸示意图

3. 混凝土内部缺陷

（1）混凝土蜂窝麻面对预埋配件的危害

1）降低配件的承载能力：由于气泡、蜂窝麻面面积均较大，所以减少了混凝土的断面面积，致使混凝土内部不密实，这不仅降低预制构件的混凝土强度，也使预埋配件与混凝土之间的摩擦力降低，增加配件发生拔出破坏的风险。

2）降低配件的耐腐蚀性能：由于混凝土表面出现了大量的气泡、蜂窝麻面，所以减少了配件保护层的有效厚度，这加速了混凝土表面碳化的进程，严重影响混凝土的外观，也使预埋配件的耐腐蚀性降低。

（2）混凝土裂缝对预埋配件的危害

混凝土裂缝对预埋配件具有显著的影响，尤其是配件周边混凝土裂缝，对其承载力情况影响较大。裂缝改变了预制构件的受力模式，降低了混凝土的整体稳定性，使预制构件承载力降低，从而使预埋配件更易出现脆性破坏，如混凝土破坏或预埋配件拔出破坏，这极大地降低了结构的安全度。过宽的裂缝也会导致预制构件和配件的耐久性下降。

4. 混凝土冻融破坏对预埋配件的影响

混凝土冻融破坏主要是指由于反复作用或内应力超过混凝土强度致使混凝土破坏的疲劳应力，这种疲劳应力会使混凝土产生破坏，降低混凝土强度，从而减小预埋配件在混凝土中的锚固作用力，使预埋配件更易出现脆性破坏，影响结构安全性。

5. 施工偏差的影响

预埋配件在施工时，由于多种原因，在埋置深度、位置和角度等方面往往存在施工偏差，如果施工偏差过大，可能会造成预埋配件的实际承载力与设计产生较大偏差，预埋配件在达到设计承载力之前就发生破坏，且破坏方式可能会出现脆性破坏，在吊装或实际使用当中，这会对结构本身的安全性产生影响。预埋配件可能存在的施工偏差项目见表1.3-1。

表 1.3-1　预埋配件的施工偏差项目

项次	预埋配件名称	项目
1	金属吊装预埋件	中心线位置
		与混凝土面平面高差
2	预埋螺母	中心线位置
		与混凝土面平面高差
3	连接件	中心线位置
		连接件之间的距离

1.3.4　建筑配件质量检验意义

装配式作为一种绿色建造技术，是未来建筑行业的发展趋势。而建筑配件应用贯穿装配式建筑的各个施工环节。提升建筑配件质量，对保证工程安全非常关键。

目前，中国正大力实施质量强国战略，致力推动质量变革。建筑配件质量的提升，有利于装配式建筑的发展和工程安全的保证。建筑配件的质量检验是对建筑配件质量提升的有力保障。根据目前现状，亟待通过试验研究，确定建筑配件检验相应的参数和方法及合格判定标准，为工程质量监督人员提供产品进场验收标准及施工安装质量验收标准。

第 2 章 建筑配件分类

装配式混凝土结构中建筑配件主要包括金属吊装预埋件、临时支撑预埋件以及夹心保温墙板连接件、阳台连接件等。装配式混凝土结构施工过程包括预制构件制作、预制构件运输与存放、预制构件安装与连接三个阶段。构件的吊装、临时支撑以及夹心保温墙板连接件的使用在整个施工过程中十分频繁，吊装贯穿了各个施工环节，包括脱模起吊、翻转、运输起吊及现场安装吊装等；临时支撑主要应用于预制构件施工前的存放和安装环节；而连接件不仅贯穿各个施工环节，在装配式建筑投入使用直至其达到使用寿命的过程中，连接件仍起到较为重要的作用。本章主要对金属吊装预埋件、临时支撑预埋件以及夹心保温墙板连接件的型号、规格、尺寸等进行介绍。

2.1 金属吊装预埋件

在装配式建筑生产过程中要用到大量的金属吊装预埋件，由于缺乏相应标准，不同配件公司生产的吊装预埋件有较大差别。目前，市场上吊装预埋件的类型多，尺寸大小各不相同，极限荷载也存在很大差异，主要类型包括双头吊钉、内螺纹提升板件、提升预埋螺栓、压扁束口带横销套筒、扁钢吊钉等十余种，其中，工程中较为常用的类型有双头吊钉、内螺纹提升板件、提升预埋螺栓和压扁束口带横销套筒四种，本章主要对上述四种类型进行详细分类和说明。由于不同类型的金属吊装预埋件的受力机理差别较大，因此使用范围有所不同，常用金属吊装预埋件及使用范围详见表 2.1-1。

表 2.1-1 常用金属吊装预埋件及使用范围

吊装预埋件类型	适合吊装的构件类型
双头吊钉	墙、梁等构件
内螺纹提升板件	板类构件
提升预埋螺栓	墙、梁等构件
压扁束口带横销套筒	墙、梁等构件

2.1.1 双头吊钉

双头吊钉由吊头、吊杆及底部墩头组成，如图 2.1-1 所示，适用于吊装墙、梁类构件。

如图 2.1-2 所示，双头吊钉的吊装系统是由预埋于混凝土构件中的吊钉、与之相匹配的吊具和拆模器所组成的。吊钉作为预埋件，起到了承上启下的作用，通过合理、有效的产品设计，将荷载有效地传递至周边混凝土及附加钢筋，同时，再通过与之匹配的吊具将荷载传递至起重设备。拆模器配合模板作业可用来固定吊钉，以保证其安装位置符合设计

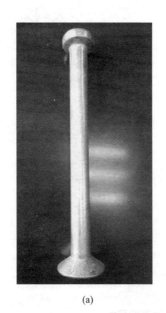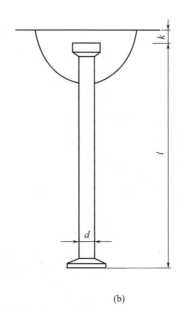

(a)　　　　　　　　　　　　　　　　　(b)

图 2.1-1　双头吊钉外形示意图

(a) 双头吊钉照片；(b) 双头吊钉尺寸示意图

要求。通常来说，拆模器和吊具在没有损坏及损耗很小的情况下，可按照脱模、储存、运输、装载和安装的正常顺序重复使用。

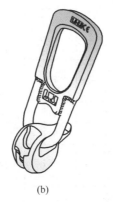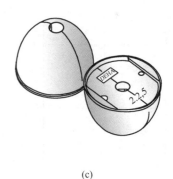

(a)　　　　　　　　　　　　　　(b)　　　　　　　　　　　　　　(c)

图 2.1-2　双头吊钉吊装系统

(a) 吊钉；(b) 吊具；(c) 拆模器

　　安装完成后，吊杆及底部墩头预埋在混凝土中，吊头上表面与预制构件表面平齐，吊头周边预留半球形空间（图 2.1-3），便于与外部吊具连接。吊钉通过放大的端部提供一定的抗拉承载力，剪切荷载由吊杆承担。双头吊钉可应用于预制梁、预制板、预制楼梯等各种预制混凝土构件的吊装。上部吊头通过吊具与起重设备连接，能够实现安全、快速及有效的运输。HALFEN（北京）建筑配件有限公司（以下简称 HALFEN）生产的常用双头吊钉产品型号和尺寸见表 2.1-2。其中表 2.1-2 给出的是双头吊钉在墙板、梁类构件中使用时的型号以及相关要求，使用过程中可以不设计附加钢筋。

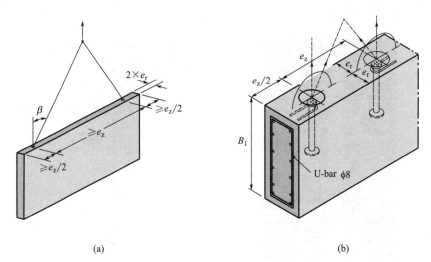

(a) (b)

图 2.1-3 双头吊钉外形示意图

(a) 墙中吊点位置；(b) 墙中双头吊钉位置要求

表 2.1-2 双头吊钉产品型号和尺寸

荷载等级	产品型号	吊装预埋件长度 l(mm)	梁或墙板最小高度 B_1(mm)	梁或墙板最小厚度 $2 \times e_r$(mm)	不同混凝土强度的吊装预埋件承载力(kN)				吊装预埋件间距 e_z(mm)
					$\beta \leqslant 30°$ C15	$\beta \leqslant 60°$ C15	$\beta \leqslant 60°$ C25	$\beta \leqslant 60°$ C35	
1.3	6000-1.3-0085	85	180	100	12.2	9.8	13.0	13.0	270
				120	13.0	11.2			
				140		12.5			
	6000-1.3-0120	120	250	80	13.0	10.3	13.0	13.0	375
				100		12.7			
				120		13.0			
	6000-1.3-0240	240	490	60	9.9	9.9	12.7	13.0	735
				80	13.0	13.0	13.0		
				100					
2.5	6000-2.5-0120	120	248	120	18.1	14.5	23.3	25.0	375
				140	20.3	16.2	25.0		
				160	22.4	17.9			
	6000-2.5-0170	170	348	100	20.7	16.5	25.0	25.0	525
				120	23.7	19.0			
				140	25.0	21.3			
	6000-2.5-0280	280	568	80	18.4	18.4	23.8	25.0	855
				100	23.0	23.0	25.0		
				120	25.0	25.0	25.0		

续表

荷载等级	产品型号	吊装预埋件长度 l(mm)	梁或墙板最小高度 B_1(mm)	梁或墙板最小厚度 $2 \times e_r$(mm)	不同混凝土强度的吊装预埋件承载力(kN)				吊装预埋件间距 e_z(mm)
					$\beta \leqslant 30°$ C15	$\beta \leqslant 60°$ C15	$\beta \leqslant 60°$ C25	$\beta \leqslant 60°$ C35	
4.0	6000-4.00170	170	347	160	29.8	23.8	38.5		535
				180	32.5	26.0		40.0	
				200	35.2	28.2	40.0		
	6000-4.0-0240	240	487	120	31.3	25.1			745
				140	35.2	28.1	40.0	40.0	
				160	38.9	31.1			
	6000-4.0-0340	340	687	100	29.6	28.7	38.2		1045
				120	35.6	32.9		40.0	
				140	40.0	36.9	40.0		
5.0	6000-5.0-0240	240	490	200	45.7	36.5			735
				220	49.1	39.2	50.0	50.0	
				240	50.0	41.9			
	6000-5.0-0340	340	690	160		40.6			1035
				180	50.0	44.4	50.0	50.0	
				200		48.0			
	6000-5.0-0480	480	970	140	46.1	46.1			1455
				160	50.0	50.0	50.0	50.0	
				180					
7.5	6000-7.5-0200	200	410	240	45.1	36.0	58.2	68.8	610
				260	47.8	38.3	61.8	73.1	
				280	50.6	40.5	65.3	75.0	
	6000-7.5-0300	300	610	200	54.1	43.3	69.9		910
				220	58.1	46.5	75.0	75.0	
				240	62.2	49.7			
	6000-7.5-0540	540	1090	160	63.2	58.4			1630
				180	71.1	63.8	75.0	75.0	
				200	75.0	69.1			
10.0	6000-10.0-0170	170	340	300	46.4	37.2	60	70.9	520
				350	52.1	41.7	67.3	79.6	
				400	57.6	46.1	74.4	88	
	6000-10.0-0340	340	680	280	76.6	61.3	98.9		1030
				300	80.7	64.5		100	
				320	84.7	67.7	100		
	6000-10.0-0680	680	1360	160	73.7	70	95.2		2050
				180	83	76.5		100	
				200	92.2	82.8	100		

续表

荷载等级	产品型号	吊装预埋件长度 l(mm)	梁或墙板最小高度 B_1(mm)	梁或墙板最小厚度 $2 \times e_r$(mm)	不同混凝土强度的吊装预埋件承载力(kN)				吊装预埋件间距 e_z(mm)
					$\beta \leq 30°$ C15	$\beta \leq 60°$ C15	$\beta \leq 60°$ C25	$\beta \leq 60°$ C35	
15.0	6000-15.0-0300	300	600	350	81.3	65	104.9	124.2	900
				400	89.5	71.9	116	137.2	
				500	106.2	85	137.1	150	
	6000-15.0-0400	400	800	350	102.5	82	132.3		1200
				400	113.2	90.6	146.2	150	
				450	123.7	99	150		
	6000-15.0-0840	840	1680	300		132.5			2520
				340	150	145.5	150	150	
				380		150			
20.0	6000-20.0-0340	340	670	500	116.6	93.3	150.6	178.2	1010
				750	158.1	126.5	200	200	
				1000	196.2	156.9			
	6000-20.0-0500	500	990	400	134.8	107.9	174.1		1490
				500	159.4	127.5	200	200	
				600	182.8	146.2			
	6000-20.0-1000	1000	1990	240	154.9	128.6	199.9		3000
				300	190	152	200	200	
				330	200	163.2			
32.0	6000-32.0-0320	320	630	600	126.7	101.3	163.5	193.5	940
				800	157.2	125.7	202.9	240.1	
				1200	177.2	141.8	228.8	270.7	
	6000-32.0-0700	700	1390	500	208.6	166.9	269.4	318.7	2080
				600	239.2	191.4	308.8	320	
				750	282.8	226.2	320		
	6000-32.0-1200	1200	2390	400	272.5	218			3580
				450	297.7	238.2	320	320	
				500	320	257.8			
45.0	6000-45.0-0500	500	990	800	226	180.8	291.8	345.3	1480
				1000	267.2	213.8	345	408.2	
				1500	358.4	286.7	450	450	
	6000-45.0-1200	1200	2400	500	322.2	257.8	416		3580
				600	369.4	295.5	450	450	
				750	436.7	349.4			

2.1.2　内螺纹提升板件

内螺纹提升板件由带内螺纹的管件和底部局部放大端组成，如图 2.1-4 所示。施工后，内螺纹提升板件整体预埋在预制构件中，内螺纹管件上表面与预制构件表面平齐，底部局部放大端提供一定的锚固承载力，剪切荷载主要由内螺纹管件承担。HALFEN 内螺纹提升板件产品按荷载等级主要分为 9 种形式，产品型号和尺寸详见表 2.1-3，表中的混凝土强度为起吊时混凝土的立方体抗压强度。

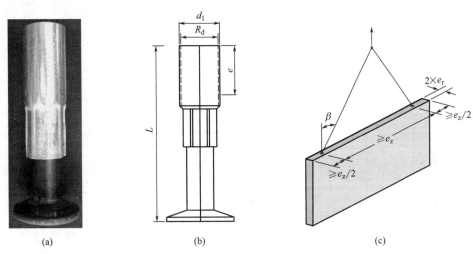

(a)　　　　　　　　　(b)　　　　　　　　　(c)

图 2.1-4　HALFEN 内螺纹提升板件外形示意图

（a）内螺纹提升板件照片；（b）内螺纹提升板件尺寸示意图；（c）墙中吊点位置

表 2.1-3　HALFEN 内螺纹提升板件产品型号和尺寸

荷载等级	产品型号	内螺纹直径	构件最小厚度 $2 \times e_r$ (mm)	内螺纹提升板件边距要求 e_1 (mm)	内螺纹提升板件边距要求 e_z (mm)	15N/mm² C15 轴向拉力和斜向拉力不大于 30°	15N/mm² C15 轴向拉力和斜向拉力不大于 45°	15N/mm² C15 剪切荷载	25N/mm² C25 轴向拉力和斜向拉力不大于 45°	25N/mm² C25 剪切荷载	35N/mm² C35 轴向拉力和斜向拉力不大于 45°	35N/mm² C35 剪切荷载
1.3	6360-1.3-130	12	80	100	420	13.0	10.4	5.9	13.0	7.5	13.0	7.5
			100			13.0	10.5	7.5				
			120			13.0	10.5	7.5				
2.5	6360-2.5-140	16	100	115	450	13.5	10.8	6.8	17.4	8.8	20.6	10.4
			120			15.5	12.4	9.9	20.0	12.7	23.7	14.0
			140			17.4	13.9	11.6	22.4	14.0	25.0	14.0
	6360-2.5-200	16	30	115	640	18.7	15.0	4.2	24.1	5.4	25.0	6.4
			100			22.7	18.2	6.8	25.0	8.8		10.4
			120			25.0	18.9	9.9		12.7		14.0

续表

荷载等级	产品型号	内螺纹直径	构件最小厚度 2×e_r (mm)	e_1 (mm)	e_z (mm)	C15 轴向拉力和斜向拉力不大于30°	C15 轴向拉力和斜向拉力不大于45°	C15 剪切荷载	C25 轴向拉力和斜向拉力不大于45°	C25 剪切荷载	C35 轴向拉力和斜向拉力不大于45°	C35 剪切荷载
4.0	6360-4.0-258	20	B0	140	800	24.0	21.6	4.1	31.0	5.3	36.6	6.3
			100			29.8	26.9	6.9	38.5	8.9		10.5
			120			33.1	29.8	8.9		11.5	40.0	13.6
			140			36.0	31.8	12.9	40.0	16.6		19.6
			160			39.0	31.8	17.5		22.6		23.0
5.0	6360-5.0-325	24	100	150	1000	33.4	33.4	9.3	43.0	12.0		14.2
			120			40.0	40.0	13.1		16.9	50.0	20.0
			140			45.6	42.1	14.7	50.0	19.0		22.5
			160			49.0	42.1	20.0		25.8		28.0
7.5	6360-7.5-400	30	140	190	1230	56.0	56.0	18.1	72.3	23.4		27.7
			160			66.8	66.8	24.2		31.2	75.0	36.9
			180			71.8	67.7	31.1	75.0	40.1		42.5
			200			75.0	67.7	39.1		42.5		42.5
10.0	6360-10.0-475	36	160	200	1460	78.7	78.7	24.0		30.9		36.5
			180			90.7	90.7	30.5	100.0	39.4	100.0	
			200			98.3	92.6	38.1		49.1		57.0
			220			100.0	92.6	46.2		57.0		57.0
12.5	6360-12.5-550	42	180	215	1690	111.6	111.6	33.2		42.8		50.6
			200					40.1	125.0	51.7	125.0	61.1
			220			125.0	120.2	48.4		62.4		71.0
			240					57.9		71.0		
15.0	6360-15.0-575	52	180	240	1760	114.1	114.1	29.2	147.4	37.7		44.6
			200			126.8	126.8	36.2		46.7	150.0	55.2
			220			139.5	139.5	44.3	150.0	57.2		66.7
			240			150.0	144.8	53.0		68.5		81.0
25.0	6360-25.0-630	64	240	300	1890	167.0	133.6	51.0	215.5	65.5		77.6
			300			186.7	149.3	85.0		109.5		129.7
			350			201.6	161.3	114.5	250.0	160.7	250.0	172.4
			400			215.5	172.4	136.8		162.5		175.0
			500			241.0	192.8	156.5		162.5		175.0

注：e_1＝板件距构件边缘的最小距离。

2.1.3 提升预埋螺栓

提升预埋螺栓（图 2.1-5）作为金属吊装预埋件，需要与附件钢筋同时使用，安装时首先安装提升预埋螺栓至设计位置，固定之后，在内部穿入附加钢筋。深圳市现代营造科技有限公司（以下简称"现代营造"）生产的提升预埋螺栓产品型号和尺寸详见表 2.1-4。表 2.1-4 中，"xx"为表面材质代码，xx＝40、50、55 分别代表普通碳钢、碳钢镀锌、不锈钢，-Rd 代表特制的粗牙螺纹产品。

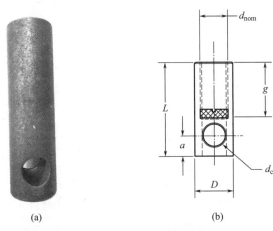

(a)   (b)

图 2.1-5 提升预埋螺栓外形示意图

（a）提升预埋螺栓照片；（b）提升预埋螺栓尺寸示意图

表 2.1-4 提升预埋螺栓产品型号和尺寸

型号代码 36xx-d_{nom}-L	D (mm)	L (mm)	锚钉螺纹 d_{nom} (mm)	a (mm)	允许荷载 (kN)
36xx-12-40	15	40	M12×1.75	22	5
36xx-Rd12-40			Rd12		
36xx-16-54	21	54	M16×2.0	27	12
36xx-Rd 16-54			Rd16		
36xx-20-69	27	69	M20×2.5	35	20
36xx-Rd 20-69			Rd20		
36xx-24-78	32	78	M24×3.0	40	25
36xx-Rd 24-78			Rd24		
36xx-30-103	40	103	M30×3.5	56	40
36xx-Rd 30-103			Rd30		

2.1.4 压扁束口带横销套筒

压扁束口带横销套筒是工程中常用的一种金属吊装预埋件，其外形如图 2.1-6 所示。该配件由带内螺纹的管件和两侧钢柱组成，施工后，套筒整体预埋在预制构件中，内螺纹管件上表面与预制构件表面平齐，预埋件与外部吊钩的连接采用螺纹连接，预埋件所承受的外部拉拔荷载主要由压扁束口带横销套筒两侧金属杆承担，剪切荷载主要由压扁束口带横销套筒承担。现代营造压扁束口带横销套筒产品按荷载等级主要分为 5 种型式，型号和尺寸见表 2.1-5。

(a)

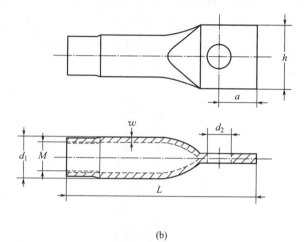
(b)

图 2.1-6　压扁束口带横销套筒外形示意图

（a）压扁束口带横销套筒照片；（b）压扁束口带横销套筒尺寸示意图

表 2.1-5　压扁束口带横销套筒产品型号和尺寸

型号	d_1 (mm)	a (mm)	h (mm)	d_2 (mm)	w (mm)	横杆直径 (mm)	横杆长度 (mm)	容许荷载 (拉力，kN)	容许荷载 (剪力，kN)	最小边距 (mm)	最小锚钉间距 (mm)
6850-12-60	17	15	24.5	8.3	2	8	70	6.3	8.8	90	180
6850-16-70	21.5	20	30.2	12.4	2.5	12	100	7.3	14.5	105	210
6850-16-100	21.5	20	30.2	12.4	2.5	12	100	14.9	14.5	150	300
6850-20-100	27	22	39	14.4	3	14	120	14.3	17.6	150	300
6850-24-120	33.8	25	49	14.4	4	14	120	19.3	25.4	240	480

注：以上数值适用于最小混凝土抗压强度为 25MPa 时。使用不同混凝土抗压强度时，可根据表 2.1-6 作容许荷载换算。

表 2.1-6　不同混凝土强度容许荷载换算系数

混凝土强度等级	C20	C25	C30	C40	C50	C60
系数	0.89	1.00	1.10	1.26	1.41	1.55

2.2　临时支撑预埋件

装配式混凝土结构施工安装技术中，临时支撑系统是一个关系吊装能否成功，影响施工吊装安全和效率的重要因素。因此，如何合理设置临时支撑预埋件非常关键。

预制构件中的临时支撑预埋件通常与调节杆搭配使用，如图 2.2-1 所示。调节杆由内部调节杆、外部调节杆、调节螺母和固定杆组成。其原理是：内部调节杆插在外部调节杆内，拔出内部调节杆，调至所需高度，通过内部调节孔和外部调节孔插入固定杆，旋转螺母形成支撑力。在施工中，首先通过内、外部调节杆较大幅度调节，插入调节杆后再由螺母小幅度调节，以形成强大的支撑力，最后用固定螺栓把外部调节杆与底部固定板固定，再与地面固定。拆卸时先松螺母，拔出固定杆，再松固定螺栓，内、外调节杆落回原位。

常用的临时支撑预埋件主要由提升预埋螺栓和附加钢筋组成，如图 2.1-4 所示，内螺纹提升板件孔洞中应插入附加钢筋。另外，还有中型支撑预埋锚栓、重型支撑预埋锚栓、薄型支撑预埋锚栓和螺纹套筒支撑预埋锚栓等临时支撑预埋件，这些临时支撑预埋件在工程中应用较少。

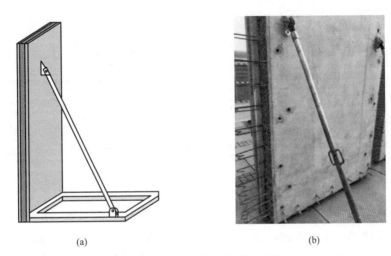

(a)   (b)

图 2.2-1 墙板临时支撑示意图

（a）墙板临时支撑布置图；（b）墙板临时支撑现场图

2.2.1 中型支撑预埋锚栓

中型支撑预埋锚栓由螺纹套筒挤压成型（底部），如图 2.2-2 所示。其锚固效果可靠、工艺简单，适用于承载力适中的中型支撑预埋螺栓受力工况。根据被支撑墙板的截面尺寸、边界条件及受力工况，预埋件可根据产品力学性能进行布置设计。HALFEN 中型支撑预埋锚栓产品型号和尺寸详见表 2.2-1。

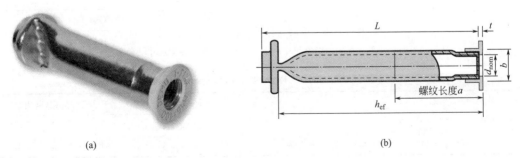

(a)   (b)

图 2.2-2 中型支撑预埋锚栓外形示意图

（a）中型支撑预埋锚栓照片；（b）中型支撑预埋锚栓尺寸图

表 2.2-1　中型支撑预埋锚栓产品型号和尺寸

型号	尺寸				容许荷载(拉力)		容许荷载(剪力)	
	$d_{nom} \times L$ (mm)	h_{ef} (mm)	a (mm)	b (mm)	$N_{Rd,c}$(kN) C25	$N_{Rd,c}$(kN) C55	$V_{Rd,c}$(kN) C25	$V_{Rd,c}$(kN) C55
0020.270-00001	M10×50	43.7	32	13.5	8.2	10.1	6.1	6.1
0020.270-00002	M10×75	68.7	32	13.5	10.1	10.1	6.1	6.1
0020.270-00003	M12×50	42.5	30	17	7.9	11.6	7.9	10.1
0020.270-00004	M12×70	62.5	38	17	14.0	16.8	10.1	10.1
0020.270-00005	M12×95	87.5	38	17	16.8	16.8	10.1	10.1
0020.270-00006	M16×60	51.3	32	21.3	10.4	15.4	10.4	15.4
0020.270-00007	M16×100	91.3	50	21.3	24.7	27.3	16.3	16.3
0020.270-00008	M16×125	116.8	50	21.3	27.3	27.3	16.3	16.3
0020.270-00009	M20×70	61.2	44	26.9	13.6	20.1	13.6	20.1
0020.270-00010	M20×100	91.2	62	26.9	24.7	35.3	21.2	21.2
0020.270-00011	M20×145	136.2	62	26.9	35.3	35.3	21.2	21.2

2.2.2　重型支撑预埋锚栓

　　相对于中型支撑预埋锚栓，重型支撑预埋锚栓承载力较高，更适用于受力较大的工况。重型支撑预埋锚栓主要由螺纹套筒和螺杆组成，如图 2.2-3 所示。从工艺上来说，螺纹套筒与螺杆采用多面挤压、一次成型的机械连接，保证了产品的质量和安全性。HAL-FEN 重型支撑预埋锚栓产品型号和尺寸详见表 2.2-2。

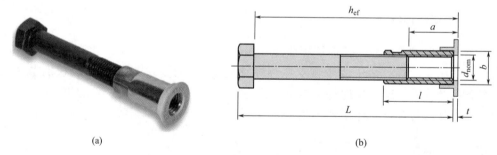

(a)　　　　　　　　　　　　　　　　(b)

图 2.2-3　重型支撑预埋锚栓外形示意图

（a）重型支撑预埋锚栓照片；（b）重型支撑预埋锚栓尺寸示意图

表 2.2-2　重型支撑预埋锚栓产品型号和尺寸

型号	尺寸					容许荷载(拉力)		容许荷载(剪力)	
	$d_{nom} \times L$ (mm)	h_{ef} (mm)	a (mm)	b (mm)	l (mm)	$N_{Rd,c}$(kN) C20/C25	$N_{Rd,c}$(kN) C45/C55	$V_{Rd,c}$(kN) C20/C25	$V_{Rd,c}$(kN) C45/C55
0020.010-00048	M12×55	49.0	25	15.5	35	9.7	14.4	9.7	14.4
0020.010-00001	M12×100	94.0	25	15.5	35	16.7	28.9	17.3	17.3

续表

型号	尺寸					容许荷载(拉力)		容许荷载(剪力)	
	$d_{nom} \times L$ (mm)	h_{ef} (mm)	a (mm)	b (mm)	l (mm)	$N_{Rd,c}$(kN) C20/C25	$N_{Rd,c}$(kN) C45/C55	$V_{Rd,c}$(kN) C20/C25	$V_{Rd,c}$(kN) C45/C55
0020.010-00002	M12×150	144.0	25	15.5	35	16.7	28.9	17.3	17.3
0020.010-00049	M16×75	67.0	31	21	45	15.5	23.1	31.1	35.2
0020.010-00003	M16×140	132.0	31	21	45	29.8	58.8	35.2	35.2
0020.010-00004	M16×220	212.0	31	21	45	29.8	58.8	35.2	35.2
0020.010-00068	M20×90	79.0	37	26	55	19.9	29.5	39.8	52.9
0020.010-00005	M20×150	139.0	37	26	55	46.4	68.9	52.9	52.9
0020.010-00006	M20×180	169.0	37	26	55	46.5	88.2	52.9	52.9
0020.010-00007	M20×270	259.0	37	26	55	46.5	88.2	52.9	52.9
0020.010-00069	M24×110	97.0	48	32	70	27.1	40.2	54.1	80.3
0020.010-00008	M24×200	187.0	48	32	70	67.0	107.5	83.1	83.1
0020.010-00009	M24×320	307.0	48	32	70	67.0	138.7	83.1	83.1
0020.010-00070	M30×160	143.0	62	40	90	48.5	71.9	96.9	126.9
0020.010-00010	M30×240	223.0	62	40	90	94.4	140.0	126.9	126.9
0020.010-00011	M30×380	363.0	62	40	90	112.6	211.7	126.9	126.9
0020.010-00012	M36×300	279.0	76	47.5	110	132.0	195.9	185.8	185.8
0020.010-00013	M36×420	399.0	76	47.5	110	160.2	309.8	185.8	185.8
0020.010-00014	M42×300	276.0	70	54	110	129.9	192.7	222.8	222.8
0020.010-00015	M42×460	436.0	70	54	110	227.4	371.5	222.8	222.8

2.2.3 薄型支撑预埋锚栓

薄型支撑预埋锚栓适用于墙板较薄的情况,由预埋锚栓螺纹套筒、螺杆和锚板三部分组成,如图 2.2-4 所示。其加工工艺较为复杂,首先,螺杆与螺纹套筒采用多面挤压、一

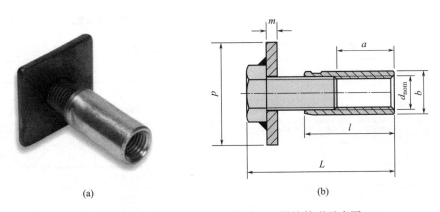

(a)   (b)

图 2.2-4 HALFEN 薄型支撑预埋锚栓外形示意图

(a) HALFEN 薄型支撑预埋锚栓照片;(b) HALFEN 薄型支撑预埋锚栓尺寸示意图

次成型的机械连接；其次，螺杆穿过带孔锚板后与之焊接。锚板面积较大，不仅提高了可靠的锚固力，还大大提升了产品使用的安全性。HALFEN 薄型支撑预埋锚栓产品型号和尺寸详见表 2.2-3。

表 2.2-3　HALFEN 薄型支撑预埋锚栓产品型号和尺寸

型号	尺寸							容许荷载(拉力)		容许荷载(剪力)	
	$d_{nom} \times L$ (mm)	h_{ef} (mm)	a (mm)	b (mm)	l (mm)	p (mm)	m (mm)	$N_{Rd,c}$(kN) C20/C25	$N_{Rd,c}$(kN) C45/C55	$V_{Rd,c}$(kN) C20/C25	$V_{Rd,c}$(kN) C45/C55
0020.200-00001	M12×55	49.0	23	15.5	35	40	4	9.7	14.4	9.7	14.4
0020.200-00002	M16×75	68.0	29	21	45	50	5	15.9	23.6	31.8	35.2
0020.200-00003	M20×90	81.0	35	26	55	60	5	20.7	30.6	41.3	52.9
0020.200-00004	M24×110	100.0	46	32	70	80	6	28.3	42.0	56.7	83.1
0020.200-00005	M30×140	127.0	60	40	90	95	6	40.5	60.1	81.1	120.3

2.2.4　螺纹套筒支撑预埋锚栓

螺纹套筒支撑预埋锚栓由螺纹套筒和锚筋两部分组成，如图 2.2-5 所示。其受力机理类似于传统锚筋（混凝土与带肋钢筋的粘结握裹力），预埋件的锚固深度与混凝土强度决定了其承载力。该型式预埋锚筋与螺纹套筒采用多面挤压、一次成型的机械连接，加工工艺更为简单，设计、施工时也更为便捷，提升了产品的通用性。HALFEN 螺纹套筒支撑预埋锚栓产品型号和尺寸见表 2.2-4。

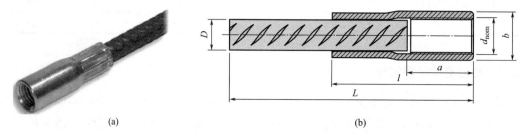

图 2.2-5　螺纹套筒支撑预埋锚栓外形示意图
（a）螺纹套筒支撑预埋锚栓照片；（b）螺纹套筒支撑预埋锚栓尺寸示意图

表 2.2-4　螺纹套筒支撑预埋锚栓产品型号和尺寸

型号	尺寸						设计荷载
	$d_{nom} \times L$ (mm)	D (mm)	a (mm)	b (mm)	l (mm)	A_s (mm²)	$N_{Rd,s}$(kN) 钢材破坏
0052.070-00001	M16×415	12	25	21	58	113	48
0052.070-00002	M16×615	12	25	21	58	113	48
0052.070-00003	M16×840	12	25	21	58	113	48
0052.070-00022	M16×1040	12	25	21	58	113	48
0052.070-00004	M16×1540	12	25	21	58	113	48

续表

| 型号 | 尺寸 | | | | | | 设计荷载 |
	$d_{nom} \times L$ (mm)	D (mm)	a (mm)	b (mm)	l (mm)	A_s (mm²)	$N_{Rd,s}$ (kN) 钢材破坏
0052.070-00024	M16×2040	12	25	21	58	113	48
0052.070-00006	M20×560	16	33	26	71	201	86
0052.070-00007	M20×810	16	33	26	71	201	86
0052.070-00008	M20×1060	16	33	26	71	201	86
0052.070-00009	M20×1480	16	33	26	71	201	86
0052.070-00025	M20×2240	16	33	26	71	201	86
0052.070-00026	M20×3540	16	33	26	71	201	86
0052.070-00011	M24×705	20	38	32	90	314	136
0052.070-00012	M24×1005	20	38	32	90	314	136
0052.070-00013	M24×1320	20	38	32	90	314	136
0052.070-00014	M24×1840	20	38	32	90	314	136
0052.070-00027	M24×2245	20	38	32	90	314	136
0052.070-00032	M24×3540	20	38	32	90	314	136
0052.070-00016	M30×1055	25	48	40	114	491	213
0052.070-00017	M30×1555	25	48	40	114	491	213
0052.070-00018	M30×2315	25	48	40	114	491	213
0052.070-00033	M30×3555	25	48	40	114	491	213
0052.070-00030	M42×1015	32	65	54	140	804	348
0052.070-00020	M42×1490	32	65	54	140	804	348
0052.070-00021	M42×2390	32	65	54	140	804	348
0052.070-00034	M42×3590	32	65	54	140	804	348

2.3　夹心保温墙板连接件

2.3.1　HAZ 夹心保温墙板连接件承重体系

　　三明治夹心墙板连接件分为承重连接件和限位连接件，两者配合使用且共同受力。同一项目应选用同一厂家的产品进行安装布置，图 2.3-1 给出了 HAZ 夹心保温墙板连接件承重体系布置图，其 3D 渲染效果图如图 2.3-2 所示。

　　承重连接件宜按外叶板重心对称、竖向布置，承重连接件主要承受外叶板自重＋温度/弯曲导致的约束力＋地震作用。水平布置承重连接件主要承受地震作用＋温度/弯曲导致的约束力。限位锚固件宜在板内均匀布置，洞口、边角部、悬挑区域应加强，仅承受平面外风吸＋风压＋地震作用以及温度作用。对于住宅项目中设置了飘窗的夹心墙板，其传力机理更为复杂，图 2.3-3 给出了 HAZ 针对此节点深化的连接件布置实例。

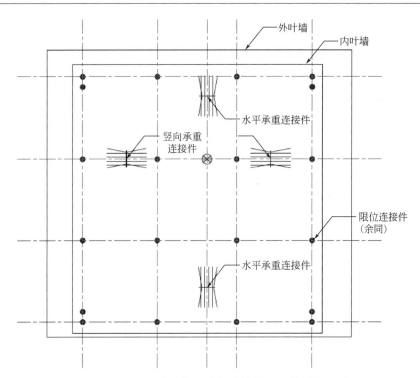

图 2.3-1　HAZ夹心保温墙板连接件承重体系布置图

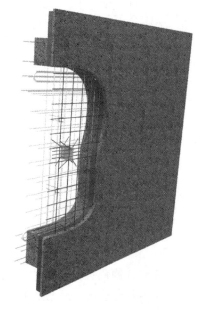

图 2.3-2　HAZ夹心保温
墙板3D渲染图

1. 不锈钢板式连接件（承重连接件）

不锈钢板式连接件由连接钢板和附加钢筋两部分构成。不锈钢板式连接件具有抗腐蚀性能好、抗火性能好、耐久性高等优点。单个标准连接钢板为矩形钢板，宽度以40mm为模数，边缘上设有圆形和椭圆形孔，圆孔直径为8mm，间距为40mm，圆孔边距为20mm，椭圆孔边距为5.5mm，不锈钢板式连接件外形示意图如图2.3-4所示。

图2.3-5为不锈钢板式连接件安装构造图，不锈钢板式连接件中，连接钢板与附加钢筋、分布钢筋共同作用可以发挥良好的锚固性能。施工时，首先固定连接钢板，然后下排附加钢筋穿过不锈钢板式连接件的下排圆孔，并从外叶（或内叶）墙板分布钢筋下部（内叶墙钢筋上部）穿过，与分布钢筋绑扎牢固；上排附加钢筋穿过下排圆孔，并从外叶（或内叶）墙板分布钢筋上部（外叶墙钢筋下部）穿过，与分布钢筋绑扎牢固。

预制构件中的不锈钢板式连接件具有良好的锚固性能，其承受的外部轴向荷载主要由附加钢筋及周围混凝土共同承担，剪切荷载主要由连接钢板及周边混凝土共同承担。不锈钢板式连接件常用型号及尺寸详见表2.3-1。

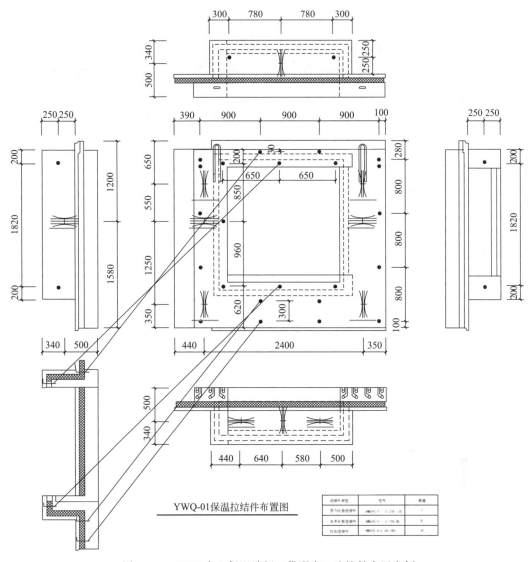

YWQ-01保温拉结件布置图

图 2.3-3　HAZ 夹心保温墙板（带飘窗）连接件布置实例

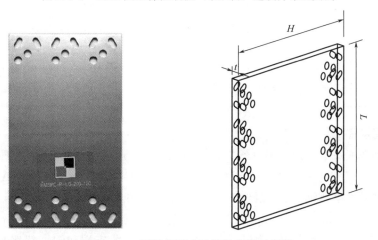

图 2.3-4　不锈钢板式连接件外形示意图

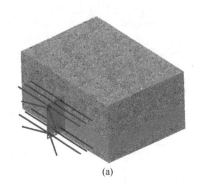 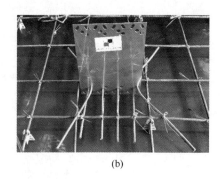

(a)   (b)

图 2.3-5 不锈钢板式连接件安装构造图

（a）不锈钢板式连接件构造示意图；（b）不锈钢板式连接件现场安装

表 2.3-1 不锈钢板式连接件常用型号及尺寸

	$H=150$mm	$H=190$mm	$H=210$mm	$H=230$mm
	40	40	40	40
	80	80	80	80
	120	120	120	120
	160	160	160	160
$t=1.5$mm	200	200	200	200
	240	240	240	240
	280	280	280	280
	320	320	320	320
	360	360	360	360
	400	400	400	400
	$H=200$mm	$H=220$mm	$H=240$mm	$H=260$mm
	40	40	40	40
	80	80	80	80
	120	120	120	120
	160	160	160	160
$t=2$mm	200	200	200	200
	240	240	240	240
	280	280	280	280
	320	320	320	320
	360	360	360	360
	400	400	400	400

2. 限位连接件

限位连接件主要承受由于温度变形、风力或脱模而产生的垂直作用于夹心墙板表面的作用力，限位连接件主要包括 HMSPC-A-N、HMSPC-A-B、和 HMSPC-A-L 三种类型，限位连接件材料为不锈钢 A4（相当于 316 不锈钢）和不锈钢 A2（相当于 304 不锈钢），直径为 3.0mm、4.0mm、5.0mm 和 6.5mm。限位连接件形式如图 2.3-6 所示。

（1）HMSPC-A-N 型拉结件为 U 形弯曲钢丝，波纹状末端和闭合端都嵌入混凝土中，

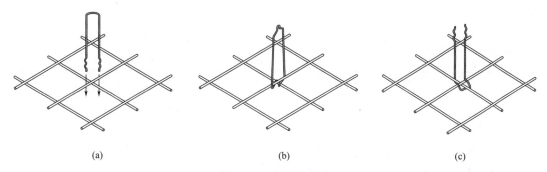

图 2.3-6 限位连接件

(a) HMSPC-A-N 型；(b) HMSPC-A-B 型；(c) HMSPC-A-L 型

安装 N 型连接件时，需在外叶墙混凝土初凝前安装完成。首先，将波纹状末端穿透保温板直至碰到外叶墙底模；其次，将其稍微提起并保证锚固深度和垂直度。

（2）HMSPC-A-B 型连接件为弯曲钢丝，其一端与外叶墙钢筋网片拉结，波浪端锚入内叶墙。安装 B 型连接件时，首先，将卡扣打开，并牢靠卡住外叶墙钢筋网片；其次，浇筑外叶墙混凝土并振捣密实；最后，铺设保温板时，直接将其从连接件另一端穿过并保证安装垂直度。

（3）HMSPC-A-L 型连接件为 U 形端弯曲至 90°的 L 型连接件。夹式销波纹端嵌入混凝土，另一端固定于钢筋网片上。安装 L 型连接件时，首先，将其牢靠绑扎在外叶墙钢筋网片上；其次，浇筑外叶墙混凝土并振捣密实；最后，铺设保温板时，直接将其从连接件波纹状末端穿过并保证安装垂直度。

限位连接件常用尺寸和型号详见表 2.3-2。

表 2.3-2　限位连接件常用尺寸和型号

拉结类型	圆钢-钢型($d=3$mm)		圆钢-钢型($d=4$mm)		圆钢-钢型($d=5$mm)		圆钢-钢型($d=6.5$mm)	
	型号	H	型号	H	型号	H	型号	H
HMSPC-A-N	00001	120						
	00002	140						
	00003	160	00001	160				
	00004	180	00002	180				
	00005	200	00003	200				
			00004	220				
			00005	240	00001	240		
					00002	260		
					00003	280		
					00004	300		
					00005	320		
							00001	340
							00002	360
							00003	380
							00004	400
							00005	420

续表

拉结类型	圆钢-钢型(d=3mm)		圆钢-钢型(d=4mm)		圆钢-钢型(d=5mm)		圆钢-钢型(d=6.5mm)	
	型号	H	型号	H	型号	H	型号	H
HMSPC-A-B	00001	160	00001	160				
	00002	180	00002	180				
			00003	200				
			00004	220				
			00005	240	00001	240		
					00002	260		
					00003	280		
					00004	300		
					00005	320		
HMSPC-A-L	00001	120						
	00002	140						
	00003	160	00001	160				
	00004	180						
			00002	200	00001	200		
			00003	250	00002	250		
					00003	280		
					00004	320		

2.3.2 现代营造 FRP 连接件

FRP 连接件具有导热系数低、耐久性好、造价低、强度高的特点，可有效避免墙体在连接件部位的冷（热）桥效应，提高墙体的保温效果和安全性。其产品在使用时，所有的连接件平行穿过保温板，两端分别锚固在内叶墙和外叶墙混凝土之中，FRP 连接件材料与混凝土材料的相容性和变形协调性均较好。

FRP 连接件由纤维复合材料受力杆件和定位的塑料套组合而成，杆件横截面均为 5.7mm×10mm 的近似矩形（市场上也有改良版的十字形截面），FRP 连接件外形示意图如图 2.3-7 所示。根据锚固长度的不同，FRP 连接件主要分为 MS 型连接件和 MC 型连接件两种，MS 型锚固长度 D_a 为 38mm，适用于一侧板厚小于 63mm 的情况，规格包括 MS25～MS150；MC 型锚固长度 D_a 为 51mm，适用于两侧板厚均大于 63mm 的情况，规格包括 MC25～MC150。FRP 连接件的物理力学性能见表 2.3-3。现代营造 FRP 连接件产品常用型号和尺寸详见表 2.3-4。

以常用的 MS50 为例，表示产品为 MS 型，两端锚固长度 D_a 为 38mm，中间段 D_b 长度为 50mm，该连接件可用于 50mm 厚保温板的墙板；MC80 表示产品为 MC 型，两端锚固长度 D_a 为 51mm，中间段 D_b 长度为 80mm，该连接件可用于 80mm 厚保温板的墙板。

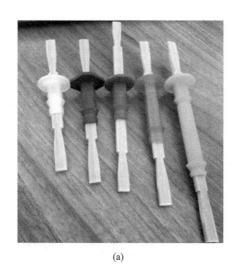
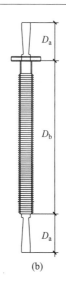

（a）　　　　　　　　　　　　　　（b）

图 2.3-7　FRP 连接件外形示意图

（a）FPR 连接件照片；（b）FRP 连接件尺寸示意图

表 2.3-3　FRP 连接件的物理力学性能

物理性能	MS 型连接件	MC 型连接件
横截面积（mm^2）	50.5	50.5
平均转动惯量（mm^4）	243	243
嵌入混凝土深度（mm）	38	51
拉伸强度（MPa）	800	800
拉伸弹性模量（MPa）	40000	40000
弯曲强度（MPa）	844	844
弯曲弹性模量（MPa）	30000	30000
剪切强度（MPa）	57.6	57.6

表 2.3-4　FRP 连接件产品常用型号和尺寸

连接器型号	保温板厚度 D_b（mm）	锚入混凝土深度 D_a（mm）	备注
MS10/25	25	38	
MS15/40	40	38	
MS20/50	50	38	
MS25/60	60	38	
MS70	70	38	
MS30/75	75	38	MS 型适用于墙体外叶墙板厚度小于 70mm 的情况
MS35/90	90	38	
MS40/100	100	38	
MS45/115	115	38	
MS50/130	130	38	
MS60/150	150	38	

连接器型号	保温板厚度 D_b(mm)	锚入混凝土深度 D_a(mm)	备注
MC10/25	25	51	
MC15/40	40	51	
MC20/50	50	51	
MC25/60	60	51	
MC70	70	51	
MC30/75	75	51	MS型适用于墙体外叶墙板厚度大于60mm的情况
MC35/90	90	51	
MC40/100	100	51	
MC45/115	115	51	
MC50/130	130	51	
MC60/150	150	51	

FRP连接件使用过程中主要设计和构造要求为：

（1）用MS型和MC型连接件进行夹心墙设计时，主要用于承受正常使用状态混凝土自重和风荷载产生的剪切和拉伸作用。

（2）墙板的混凝土设计强度等级不低于C30，外层混凝土最大石子粒径应小于20mm。

（3）连接件可以内部暴露、外部暴露或在潮湿环境下暴露，但不能与防腐处理材料及阻燃处理过的木材接触。

（4）设计时应保证MS型和MC型连接件在混凝土中的有效嵌入深度分别为38mm和51mm，连接件与墙板边缘的临界距离应大于100mm、与门窗洞口的距离应大于150mm，连接件间距应大于200mm。

（5）使用MS型连接件时，外叶墙板厚度最小值为50mm；使用MC型连接件时，外叶墙板的厚度最小值为60mm。外表面纹理、凹槽和外露深度都应该在最小值上另加厚度。例如：假设构件表面有10mm的凸凹花纹，则使用MS型连接件的外叶墙混凝土最小厚度应不小于60mm，使用MC型连接件的外叶墙混凝土最小厚度应不小于70mm。

2.3.3 Peikko桁架式不锈钢连接件

Peikko桁架式不锈钢连接件是采用不锈钢或普通钢筋弯曲和焊接而成，主要用于连接预制三明治墙板的内、外叶混凝土板。桁架式不锈钢连接件腹杆穿过保温层，上、下弦杆分别锚固于内、外叶混凝土板中。该连接件主要分为PD连接件和PPA连接件两种，如图2.3-8和图2.3-9所示。

PD连接件是单片桁架结构，包括不锈钢斜腹杆、不锈钢弦杆或钢筋弦杆，弦杆材料取决于外部环境等级和混凝土保护层厚度。Peikko PD连接件产品型号和尺寸详见表2.3-5。

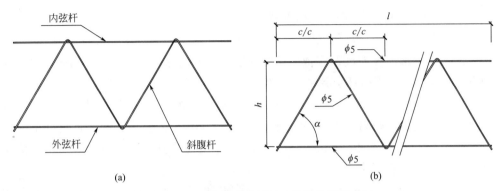

图 2.3-8　PD 桁架式不锈钢连接件外形示意图

（a）PD 桁架式不锈钢连接件组成；（b）PD 桁架式不锈钢连接件尺寸示意图

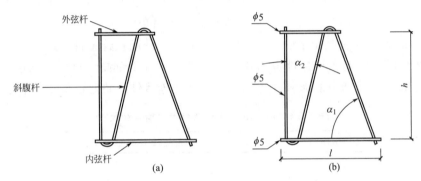

图 2.3-9　PPA 桁架式不锈钢连接件外形示意图

（a）PPA 桁架式不锈钢连接件组成；（b）PPA 桁架式不锈钢连接件尺寸示意图

表 2.3-5　Peikko PD 连接件产品型号和尺寸

PD 连接件型号	h (mm)	c/c (mm)	保温厚度 (mm)	l 长度 (mm)	α (°)	重量 (kg)
PD/PDM/PDR 100	100		40		23	1.17
PD/PDM/PDR 120	120		60		26	1.18
PD/PDM/PDR 140	140		80		29	1.19
PD/PDM/PDR 150	150		90		31	1.20
PD/PDM/PDR 180	180		120		35	1.22
PD/PDM/PDR 200	200		140		38	1.23
PD/PDM/PDR 210	210		150		39	1.27
PD/PDM/PDR 220	220		160		40	1.27
PD/PDM/PDR 240	240	300	180	2400	42	1.27
PD/PDM/PDR 260	260		200		44	1.28
PD/PDM/PDR 280	280		220		46	1.30
PD/PDM/PDR 300	300		240		48	1.32
PD/PDM/PDR 320	320		260		50	1.34
PD/PDM/PDR 340	340		280		52	1.36
PD/PDM/PDR 360	360		300		53	1.38
PD/PDM/PDR 380	380		320		55	1.40
PD/PDM/PDR 400	400		340		56	1.42

PD连接件产品构造和使用具有如下特点：

（1）脱模前混凝土最小抗压强度 $f_{ck}=16MPa$。

（2）连接件标准高度 h 的制定依据是锚入混凝土层的深度（30＋30）mm以及保温板厚度之和，h 是指上、下弦杆中到中的距离。

（3）PD连接件的标准长度 l 为2400mm。连接件可按300mm的倍数进行生产。连接件与墙板上、下边缘的距离 R 应满足 $10mm \leqslant R \leqslant 300mm$ 的要求；连接件之间的距离不应小于100mm，且不应大于600mm。上述要求可保证PD连接件在混凝土中的锚固承载力，同时可限制外叶板翘曲。

（4）当墙板高度大于3600mm时，只能布置长度最大为3000mm的桁架式不锈钢连接件，上、下端部剩余空间采用垂直的销钉拉结，可保证上、下端部的自由收缩变形。

（5）当墙板中有门窗洞口且洞口一侧的宽度为300～600mm时，需在此空间内至少布置2根桁架式不锈钢连接件，以防止外叶板在此处压屈变形。

Peikko PPA连接件是用于墙板中门窗过梁的内、外墙板连接件，适用于混凝土板高度在局部无法满足斜对角连接件适用要求时（窗过梁或下部高度过低）的情形。Peikko PPA过梁连接件的腹筋由不锈钢制成，Peikko PPA连接件产品型号和尺寸详见表2.3-6。

表2.3-6　Peikko PPA连接件产品型号和尺寸

PPA连接件型号	h(mm)	l(mm)	推荐保温板厚度(mm)	α_1(°)	α_2(°)
PPA150	150	280	90	59	23
PPA180	180		120	63	20
PPA200	200		140	65	18
PPA210	210		150	66	17
PPA220	220		160	67	16
PPA240	240		180	69	15
PPA260	260		200	70	14
PPA280	280		220	71	13
PPA300	300	300	240	67	15
PPA320	320		260	68	14
PPA340	340		280	69	13
PPA360	360	350	300	65	14
PPA380	380		320	66	14
PPA400	400		340	67	13
PPA420	420		360	65	15
PPA440	440		380	66	14
PPA450	450		390	66	14

桁架式不锈钢连接件设计和使用应满足如下要求：

（1）预制外墙板最大尺寸不超过3m×7m，混凝土外叶墙板最小厚度不小于70mm。

（2）外叶墙板中的钢筋网配筋面积不小于 $133mm^2/m$，混凝土内叶墙板应配置直径

8mm 的边缘钢筋。

（3）混凝土顶层应均匀浇筑，避免保温层厚度和压力出现局部差异；应加入混凝土外加剂，以保证混凝土浇筑质量。

（4）桁架式不锈钢连接件所需的最小锚固深度和最小混凝土强度等级详见表 2.3-7。

表 2.3-7　Peikko 桁架式不锈钢连接件最小锚固深度和最小混凝土强度等级

连接件类型	最小锚固深度（mm）	最小混凝土强度等级
PD 连接件	25	C25
PPA 连接件	35	C25

第3章　建筑配件力学性能分析

　　金属吊装预埋件、临时支撑预埋件、夹心保温墙板连接件等均属于非结构配件，且部分预埋件在构件制作完成或施工完成后属于隐蔽工程，因此在设计和施工中其力学性能很容易被忽视。从以往的工程事故中可见，很多的事故不是结构构件损坏引起的，而是建筑配件损坏导致的不良后果。地震中建筑配件的破坏引发主体结构破坏、导致人员伤亡的事故屡见不鲜，造成了极大的生命和财产损失。因此，建筑配件的质量问题应该引起足够的重视。本章主要对金属吊装预埋件、临时支撑预埋件、夹心保温墙板连接件的外荷载、受力机理及损伤情况进行分析。

3.1　配件受力分析

3.1.1　金属吊装预埋件

　　预制混凝土构件在制作、运输及施工过程中，需要吊装的构件主要有预制叠合板、预制柱、预制梁、预制楼梯、预制墙板、预制阳台等，不同的预制构件，其吊装预埋件的类型、数量及吊点位置也有所不同。金属吊装预埋件因预制构件上吊点的位置及数量、金属吊装预埋件类型以及起吊方式的不同而受力情况有所不同，本节主要分析上述预制构件在不同吊装情况下的受力情况。

1. 吊装构件和吊点受力分析

　　金属吊装预埋件的制作、安装一般在预制现场完成，其受力方式为短期受力，构件吊装就位后，吊装预埋件退出工作。预制构件吊装时，金属吊装预埋件的主要受力方式为轴心受拉和偏心受拉，吊装过程中产生的变形和应力可能会使构件发生损伤甚至破坏，因此应首先确定合理吊装方案，使构件和吊点的受力最为合理。

　　（1）吊装构件受力情况分析

　　预制板的吊装方法主要为平吊，一般为四点平吊，如预制双 T 板 2 个肋梁为 4 个吊点，即四角各预留 1 个吊点，预制双 T 板的现场吊装如图 3.1-1 所示。而单 T 板则为 2 个吊点，即两边各预留 1 个吊点。

　　预制柱、墙板吊装时，需考虑预制墙板运输、翻转、起重吊装时的受力状态和吊点位置，安装之前需要将水平放置的构件翻转到合适起吊的方位，其中部分墙板由于质量较大，高度方向翻转时对构件受力不利，底部与地面接触点易出现应力集中，需采用空中翻转方式进行吊装施工。预制楼梯吊点设在楼梯正面，

图 3.1-1　预制双 T 板现场吊装

四角各设 1 个，由于楼梯制作和运输的需要，楼梯到现场后为竖直放置，安装之前要翻转到平放才能正常安装。

预制构件的吊装，根据现场调研和相关文献［40］，一般是以吊点处弯矩与跨中弯矩相等的设计原则来选择吊点位置，如图 3.1-2 所示。对于沿长度方向质量均匀分布的构件：

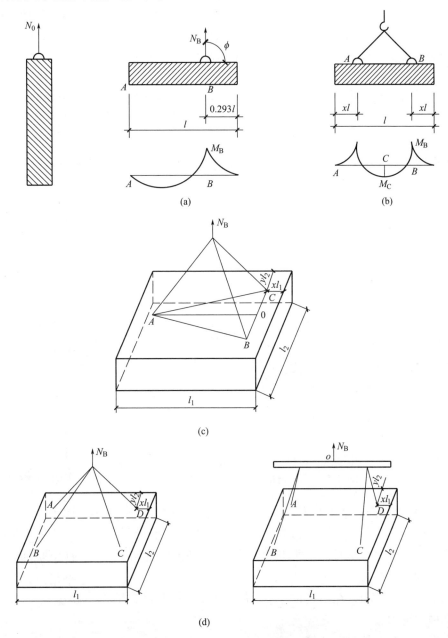

图 3.1-2 吊点位置及受力情况示例

(a) 一点吊装受力情况示意图；(b) 两点吊装受力情况示意图；
(c) 三点吊装受力情况示意图；(d) 四点吊装受力情况示意图

1）一点吊装时，吊点位置：①吊点在端部；②吊点在侧面：$xl = 0.293l$。

2）二点吊装时，吊点位置：$xl = 0.207l$。

3）三点吊装（主要对预制板类、预制楼梯类构件）时，吊点位置为等腰三角形：底部两点：$xl_1 = 0.153l_1$，$yl_2 = 0.153l_2$，第三点在两边点中部。

4）四点吊装时，吊点位置：$xl_1 = 0.207l_1$，$yl_2 = 0.207l_2$。

（2）吊点受力情况分析

受金属吊装预埋件类型的影响，起吊时，预埋在混凝土中的金属吊装预埋件的应力情况有所不同。预制构件吊装方式不同，如平吊、直吊、翻转起吊等，也会影响金属吊装预埋件的应力情况。本节重点分析预制构件中常见的金属吊装预埋件在吊装过程中的受力情况。

由于吊装方案的不同，相同埋置方案的吊件受力可能不同，故应先确定吊装方案再确定计算方法。

吊点数量取决于吊装装置及吊装方案。

1）对于墙、梁类构件，其吊装方式及吊点受力分析如图 3.1-3 所示，分为两点吊装和四点吊装。

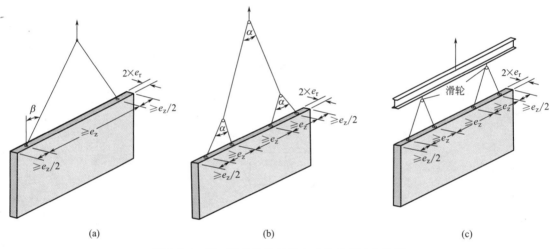

图 3.1-3　墙、梁类构件吊装方式及吊点受力分析

（a）吊装（两点共同受力）；（b）滑轮（四点共同受力）；（c）分配梁＋滑轮（四点共同受力）

2）对于板类构件，其吊装方式及吊点受力分析如图 3.1-4 所示，图中，F_z 为单个吊点承受的荷载大小；F_{GT} 为吊装总重量，F_{total} 为构件总重量。吊装方式可分为两点受力、三点受力和四点受力，同时由于所用吊装设施（分配梁、吊环）的不同，吊点受力方向和大小均不相同。

根据上述分析可知，在吊装过程中，吊具主要承受与吊钉轴心一致方向上的拉力、斜向拉力和横向剪力。

2. 金属吊装预埋件内力计算

计算作用在金属吊装预埋件上的荷载时，应考虑吊装预埋件的产品特性、位置、构件生产工艺、吊装设备、钢丝绳（链、带）的数量、吊装角度和长度等约束条件。在特殊情况下，还要考虑预制构件在吊装和运输期间的变形。吊装系统应设计成静定系统，每个吊装预埋件的受力应可计算。荷载计算应考虑吊装过程的所有工况。

吊装预埋件的设计过程中应分别计算构件脱模、吊运、翻转等全部工况，取所有工况中的最不利情况作为设计的控制工况，并取最大值进行设计，包括拉力最大值和剪力最大值。

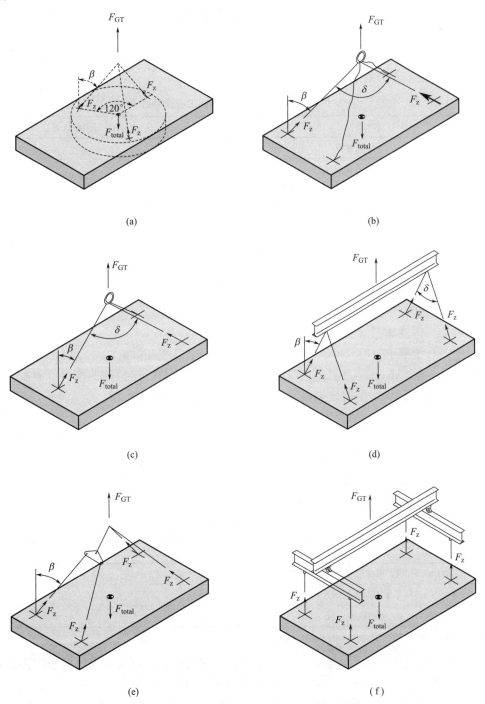

图 3.1-4　板类构件吊装方式及吊点受力分析

（a）吊装（三点共同受力）；（b）吊装（仅两点受力）；（c）吊装（仅两点受力）；（d）单个分配梁四点吊装（四点受力）；（e）带吊环吊装（四点受力）；（f）双分配梁四点吊装（四点受力）

金属吊装预埋件承载力应采用下列设计表达式进行验算：

$$E \leqslant [E] \tag{3.1-1}$$

$$[E] = R/K \tag{3.1-2}$$

式中　E——吊装预埋件在吊装过程中所承受的荷载标准值，可按本书 3.3 节进行计算；

　　$[E]$——允许起吊荷载；

　　R——吊装预埋件承载力标准值，应该通过型式检验确定；

　　K——施工安全系数，可按表 3.1-1 取值。

表 3.1-1　金属吊装预埋件的施工安全系数 K

项目	施工安全系数 K
临时支撑	2
临时支撑的连接件 预制构件中用于连接临时支撑的预埋件	3
普通吊装预埋件	4
多用途吊装预埋件	5

（1）构件自重 F_G 应按下列公式计算：

$$F_G = \rho_G V \tag{3.1-3}$$

式中　F_G——构件自重（kN）；

　　V——构件体积（m³）；

　　ρ_G——混凝土重度（kN/m³），对于钢筋混凝土取 25kN/m³。

构件的自重计算时还应包含附着物，如反打瓷砖和石材、未拆除的模具（有咬合时应计入模具的总重量）、为了安装提前固定在构件厂的支撑物等的重量。

（2）脱模时，模板粘结力 F_{adh} 按下列公式进行计算：

$$F_{adh} = q_{adh} A_f \tag{3.1-4}$$

式中　F_{adh}——模板粘结力（kN）；

　　q_{adh}——模板粘结应力（kN/m²），按表 3.1-2 取值；

　　A_f——混凝土构件与模板的接触区域面积（m²）。

表 3.1-2　模板粘结应力 q_{adh}

模板种类和条件	q_{adh}(kN/m²)
涂油的钢模板,涂油的有塑料涂层的胶合板	1.5
平整并涂漆的木模板	2
粗糙的木模板	3

注：计算时应该考虑混凝土构件与模板接触的所有表面。

（3）模板粘结力和动力系数可不同时考虑，在脱模时宜尽量减少模板的吸附力，可使模板和构件产生错动后再起吊。在脱模时要尽量缓慢起吊，避免动力作用和模板吸附力同时起作用。脱膜时，单个吊装预埋件的脱模荷载标准值 F_D 应由下列公式进行计算：

$$F_D = (F_G + F_{adh}) \cdot z/n \tag{3.1-5}$$

式中　F_D——单个吊装预埋件脱模力（kN）；

F_G——构件自重（kN），根据式（3.1-3）计算；

F_{adh}——模板粘结力（kN），根据式（3.1-4）计算；

z——$z = 1/\cos\beta$，β 为吊索与竖直方向的夹角；

n——预埋件数量（个）。

（4）预制构件单侧起吊时，单个吊装预埋件上的荷载应按下列公式计算：

使用吊梁时：
$$F_Q = (F_G/2) \cdot \psi_{dyn}/n \tag{3.1-6}$$

不使用吊梁时：
$$F_Q = (F_G/2) \cdot \psi_{dyn} \cdot z/n \tag{3.1-7}$$

式中　F_Q——起吊荷载（kN）；

F_G——构件自重（kN），根据式（3.1-3）计算；

ψ_{dyn}——动力系数：构件吊运、运输时，取 1.5；构件翻转及安装就位、临时固定时，取 1.2；

z——$z = 1/\cos\beta$，β 为吊索与竖直方向的夹角；

n——吊装预埋件数量（个）。

在运输和吊装过程中，预制构件和吊装设备应满足承受动力作用影响的要求。动力作用的大小与吊装机械的类型有关。由动力系数 ψ_{dyn} 来考虑动力对构件的影响，与《混凝土结构工程施工规范》GB 50666—2011 的相关规定统一。单侧起吊时，有用吊梁和不用吊梁两种情况，如图 3.1-5 所示。

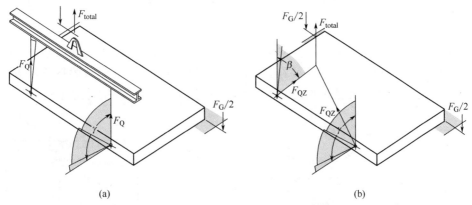

图 3.1-5　采用吊梁和不用吊梁两种情况

（a）有吊梁；（b）无吊梁

（5）吊装预埋件在受斜拉荷载作用时应按下列公式计算：

$$F_Z = F_G \cdot \psi_{dyn} \cdot z/n \tag{3.1-8}$$

式中　F_Z——吊装预埋件拉剪耦合荷载（kN）；

F_G——构件自重（kN），根据式（3.1-3）计算；

ψ_{dyn}——动力系数：构件吊运、运输时，取 1.5；构件翻转及安装就位、临时固定时，取 1.2；

z——$z = 1/\cos\beta$，β 为吊索与竖直方向的夹角，$\beta \leqslant 30°$；

n——吊装预埋件数量（个）。

预制墙、预制柱等竖向预制构件在"空中翻身"的情况下，吊装预埋件都存在拉力和剪力共同作用。除了竖向预制构件，即使是预制楼板和梁等水平构件，在作业场地狭小时，也需要将构件垂直放入，过程中进行"空中翻身"变成水平状态。对于管道、管廊、管沟等构件产品，往往也需要翻转，如图 3.1-6 所示。

当吊索与竖直方向的夹角 $\beta<30°$ 时，由于剪力分力很小，此时抗剪承载力可以不进行验算；当 $\beta>30°$，就不能忽略剪力的影响，应按照式（3.3-10)～式（3.3-12）进行拉剪耦合承载力的验算。

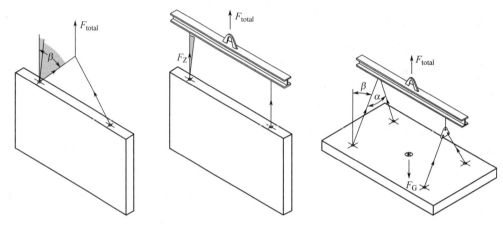

图 3.1-6　吊装中的斜向受拉情况示意图

（6）附加钢筋和构造钢筋。

为使吊装预埋件荷载有效地传递到混凝土中，基于不同的混凝土构件尺寸、吊钉位置及吊装步骤，安装吊钉的过程中需要在其周围配以附加钢筋，保证荷载的有效传递。如图 3.1-7 所示，图中 e_z 为吊装预埋件之间的距离，e_r 为吊装预埋件距构件边缘距离。

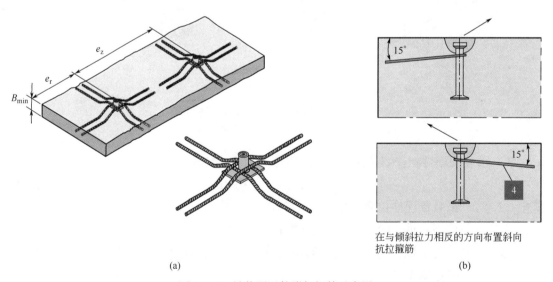

在与倾斜拉力相反的方向布置斜向抗拉箍筋

（a）　　　　　　　　　　　　　　　　　　（b）

图 3.1-7　吊装预埋件附加钢筋示意图
（a）附加抗拉钢筋；（b）附加抗剪钢筋

采用附加钢筋时，吊装预埋件受拉力或剪力作用下的内力计算应符合下列规定：

1）在拉力 N 作用下，吊装预埋件应按该计算结果进行附加钢筋的加固，附加钢筋所受拉力设计值 $N_{Ed,re}$ 可按下式计算：

$$N_{Ed,\ re} = N \tag{3.1-9}$$

2）在剪力 V_{Ed} 作用下，吊装预埋件的抗剪附加钢筋应按剪力 V_{Ed} 相反的方向布置，其附加钢筋所受拉力的设计值 $N_{Ed,re}$ 应按下式计算：

$$N_{Ed,\ re} = V_{Ed} \tag{3.1-10}$$

式中　V_{Ed}——吊装预埋件抗剪设计值（N）。

附加钢筋的根数及截面积应根据吊点受力通过计算确定。当吊点处混凝土发生破坏时，宜加设附加钢筋承担吊点的荷载。附加钢筋宜在混凝土可能形成的破坏面内均匀分布。附加钢筋采用的形式应在产品说明书中加以说明。当预制构件中配置的钢筋能同时起到附加钢筋的作用时，可兼做附加钢筋。为了使构件在移动、加载时不发生破坏，应配置构造钢筋；当附加钢筋可以同时起到构造钢筋的作用时，可仅配置附加钢筋。

吊装预埋件在承受拉力作用时，附加钢筋的设置应符合下列规定：

1）混凝土锥体破坏区域的两侧均应布置满足设计要求的附加钢筋。

2）附加钢筋应使用直径 d_{re} 不大于 16mm，抗拉强度设计值不宜大于 $435N/mm^2$ 的热轧带肋钢筋；附加钢筋的直径 d_{re} 应满足《混凝土结构设计规范》GB 50010—2010（2015 年版）中的相关规定。

3）附加钢筋应在吊装预埋件两侧对称布置，并应在允许范围内尽量靠近吊装预埋件，与吊装预埋件的距离不宜大于 $0.75h_e$。

4）附加钢筋的布置应伸出混凝土受拉锥体破坏范围外，外伸锚固长度 l_a 应当满足《混凝土结构设计规范》GB 50010—2010（2015 年版）中的相关规定。

剪力作用下，吊装预埋件的附加钢筋的设置应符合下列规定：

1）附加钢筋的设计：应对可能导致混凝土边缘破坏的吊装预埋件进行配筋。

2）附加钢筋应使用直径 d_{re} 不大于 16mm，抗拉强度设计值不宜大于 $435N/mm^2$ 的热轧带肋钢筋；附加钢筋的直径 d_{re} 应满足《混凝土结构设计规范》GB 50010—2010（2015 年版）中的相关规定。

3）附加钢筋应做成 U 形钢筋或闭合环状。

4）附加钢筋的外伸锚固长度 l_a 应当满足《混凝土结构设计规范》GB 50010—2010（2015 年版）中的相关规定。

3.1.2　临时支撑预埋件

预制混凝土结构中的支撑体系主要为预制墙板施工临时支撑体系，由斜向拉杆实现，确保预制墙板在底部连接、水平连接未浇筑时的稳定性，同时可以调整预制墙板的垂直度以及两块预制墙板之间的平整度等。斜向拉杆可顶可拉，下端固定于地面或水平板上，上端固定于预制墙板上，每面墙至少配置 2 根斜向拉杆，如图 3.1-8 所示。

1. 受力情况分析

受支撑点数量和位置的影响，预埋在混凝土中的临时支撑预埋件的受力情况有所不同，其主要受斜拉或斜压作用。本文主要分析两点支撑和四点支撑的受力情况，取受力对称的半边墙体分析，如图 3.1-9 所示。

图 3.1-8 预制墙板支撑示意图

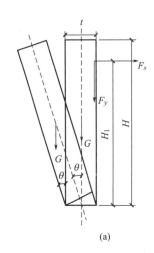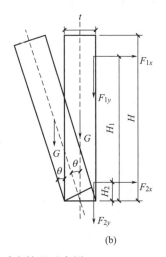

(a)   (b)

图 3.1-9 临时支撑预埋件受力情况示意图

（a）两点支撑预埋件受力情况；（b）四点支撑预埋件受力情况

2. 计算公式

临时支撑预埋件受支撑杆件作用力 F，根据受力分解，将 F 分解为 F_x 和 F_y，根据支撑杆件与地面夹角 α，F_x 和 F_y 之间存在一定的关系，$F_y = F_x \tan\alpha$。假设构件有微小的偏移，角度为 θ，两点临时支撑预埋件由图 3.1-9（a）弯矩平衡得出：

$$G \cdot \frac{h}{2} \cdot \sin\theta = F_x \cdot h_1 + F_y \cdot \frac{t}{2} \tag{3.1-11}$$

式中　G——构件总重量；

　　　h——构件高度；

　　　t——构件厚度；

　　　h_1——预埋件离地面高度。

结合公式（3.1-11）以及 $F_y = F_x \tan\alpha$，可以得出临时支撑预埋件承受的剪力 F_y 和拉力 F_x。

四点支撑预埋件由图 3.1-9（b）弯矩平衡得出：

$$G \cdot \frac{h}{2} \cdot \sin\theta = F_{1x} \cdot h_1 + F_{1y} \cdot \frac{t}{2} + F_{2x} \cdot h_2 + F_{2y} \cdot \frac{t}{2} \tag{3.1-12}$$

式中　h_1——上部支撑预埋件离地面高度；

　　　h_2——下部支撑预埋件离地面高度。

由水平方向受力平衡得出：

$$F_{1x} + F_{2x} = 0 \qquad (3.1\text{-}13)$$

3.1.3　夹心保温墙板连接件

本节主要对夹心保温墙板连接件承受的外荷载进行受力分析。在预制厂构件生产过程中，连接件主要承受外叶墙板脱模产生的吸附力（适用于无翻转模台的情形）。在正常使用状态下，连接件主要承受由外叶墙板自重产生的剪力作用；在风荷载作用下，连接件会承受平面外的水平荷载（拉力或压力）；在地震作用下，连接件会承受平面内、外的水平荷载。

1. 墙板受力情况分析

（1）水平荷载

经查阅文献［41］和现场工程应用分析，连接件所受的拉力包括外叶墙板脱模产生的吸附力以及正常使用状态下风荷载、水平地震作用对连接件所产生的拉力。

1）脱模粘结力

施工过程中外叶墙板脱模产生的粘结力，可参照第 3 章第 3.1 节中的规定进行计算。

2）风荷载

正常使用状态下，外叶墙板主要承受风吸和风压作用，依据《装配式混凝土结构技术规程》JGJ 1—2014 第 10.2.3 节要求，风荷载标准值应按《建筑结构荷载规范》GB 50009—2012 中有关围护结构的规定确定。根据《建筑结构荷载规范》GB 50009—2012 中 8.1.1 第 2 款，外围护结构风荷载标准值 w_k 可按下式计算：

$$w_k = \beta_{gz} \mu_{sl} \mu_z w_0 \qquad (3.1\text{-}14)$$

式中　β_{gz}——高度 z 处阵风系数；

　　　μ_{sl}——风荷载局部体型系数；

　　　w_0——基本风压；

　　　μ_z——风压高度变化系数。

3）水平地震作用

计算水平地震作用标准值时，可采用等效侧力法，并应按下式计算：

$$F_{Ehk} = \beta_E \alpha_{max} G_k \qquad (3.1\text{-}15)$$

式中　F_{Ehk}——施加于预制夹心外挂墙板重心处的水平地震作用标准值。当验算连接节点承载力时，连接节点地震作用效应标准值应乘以 2.0 的增大系数；

　　　β_E——动力放大系数，可取 5.0；

　　　α_{max}——水平地震作用影响系数最大值，可取 0.08；

　　　G_k——预制夹心外挂墙板重力荷载标准值。

（2）竖向荷载

连接件所受的剪力包括外叶墙板自重和竖向地震作用。

1）外叶墙板自重

连接件所受的正常使用状态下承受的竖向荷载为外叶墙板的自重荷载，如图 3.1-10 所示。连接件所受的剪力为外叶墙板的自重，该剪力全部由连接件承担。

外叶墙板自重 F_G 应按下列公式计算：

$$F_G = \rho_G V \tag{3.1-16}$$

式中　F_G——外叶墙板自重（kN）；

　　　V——外叶墙板体积（m³）；

　　　ρ_G——混凝土重度（kN/m³），对于钢筋混凝土取 25kN/m³。

构件的自重计算时还应包含附着物，如反打瓷砖和装饰石材的重量。

2）竖向地震作用

竖向地震作用标准值可取水平地震作用标准值的 0.65 倍计算。

（3）荷载组合

进行预制夹心外墙板连接件的承载力计算时，参考《装配式混凝土结构技术规程》JGJ 1—2014，荷载组合的效应设计值应满足式（3.1-17）～式（3.1-20）的规定：

1）持久设计状况

当风荷载效应起控制作用时：

$$S = \gamma_G S_{Gk} + \gamma_W S_{Wk} \tag{3.1-17}$$

当永久荷载效应起控制作用时：

$$S = \gamma_G S_{Gk} + \varphi_W \gamma_W S_{Wk} \tag{3.1-18}$$

2）地震设计状况

在水平地震作用下：

$$S = \gamma_G S_{Gk} + \gamma_{Eh} S_{Ehk} + \varphi_W \gamma_W S_{Wk} \tag{3.1-19}$$

在竖向地震作用下：

$$S = \gamma_G S_{Gk} + \gamma_{Ev} S_{Evk} \tag{3.1-20}$$

式中　S——基本组合的效应设计值；

　　　S_{Gk}——永久荷载的效应标准值；

　　　S_{Wk}——风荷载的效应标准值；

　　　S_{Ehk}——水平地震作用组合的效应标准值；

　　　S_{Evk}——竖向地震作用组合的效应标准值；

　　　γ_G——永久荷载分项系数，进行承载力设计时，在持久设计状况下，当风荷载效应起控制作用时，γ_G 应取 1.2；当永久荷载效应起控制作用时，γ_G 应取 1.35；在地震设计状况下，γ_G 应取 1.2；当永久荷载效应对承载力有利时，γ_G 应取 1.0；

　　　γ_W——风荷载分项系数，取 1.4；

　　　γ_{Eh}——水平地震作用分项系数，取 1.3；

　　　γ_{Ev}——竖向地震作用分项系数，取 1.3；

　　　φ_W——风荷载组合系数，在持久设计状况下取 0.6，地震设计状况下取 0.2。

2. 单个连接件荷载计算

单个连接件的荷载可根据整个墙板的荷载并结合连接件的布置进行计算，对于单个墙板的荷载取值，应为水平和竖向荷载效应最不利组合值。由于连接件形式不同，导致不同连接件的受荷方式有所不同，因此，单个连接件的拉力和剪力应分别计算，其受力如图 3.1-10 所示。

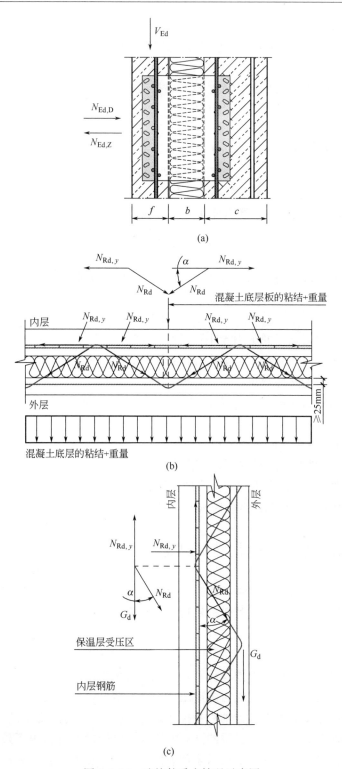

图 3.1-10　连接件受力情况示意图

（a）不锈钢板式连接件受力情况示意图；（b）桁架式不锈钢连接件受拉力情况示意图；

（c）桁架式不锈钢连接件受剪力情况示意图

（1）拉力计算

对于 FRP 连接件和不锈钢板式连接件，其拉力计算公式为：

$$F_a = nN \tag{3.1-21}$$

式中　F_a——单个墙板承受的拉力大小；

　　　N——单个连接件所受拉力作用；

　　　n——墙板中连接件数量。

对于桁架式不锈钢连接件，其拉力计算公式为：

$$F_a = mN_{Rd}\sin\alpha \tag{3.1-22}$$

式中　N_{Rd}——连接件腹杆所承受的拉力作用；

　　　m——墙板中桁架式不锈钢连接件腹杆数量；

　　　α——桁架式不锈钢连接件腹杆与弦杆的夹角。

（2）剪力计算

考虑墙板剪力的最不利情况，对于 FRP 连接件和不锈钢板式连接件，其剪力计算公式为：

$$V_a = nV_1 \tag{3.1-23}$$

式中　V_a——单个墙板承受的剪力大小；

　　　V_1——单个连接件所承受的剪力作用；

　　　n——墙板中连接件数量。

对于桁架式不锈钢连接件，由图 3.1-10（c）可知，其剪力计算公式为：

$$V = m(N_{Rd}\cos\alpha + N_R) \tag{3.1-24}$$

式中　N_{Rd}——连接件腹杆所承受的拉力作用；

　　　N_R——连接件弦杆所承受的拉力作用；

　　　m——墙板中桁架式不锈钢连接件腹杆数量；

　　　α——桁架式不锈钢连接件腹杆与弦杆的夹角。

3.2　建筑配件受力机理及破坏状态

本节主要介绍金属吊装预埋件、临时支撑预埋件和夹心保温墙板连接件在实际受力过程中可能出现的破坏状态，并对其受力机理、影响因素进行分析。

3.2.1　金属吊装预埋件

金属吊装预埋件为短时受力预埋件，仅在施工时承受吊装过程中吊装构件的自重产生的内力，受力时间较短，吊装完成后即退出工作。吊装过程分为脱模吊装、运输吊装和安装吊装三个阶段，主要受力方式为轴心受拉和偏心受拉，《钢筋混凝土结构中预埋件设计》中给出了预埋件轴心受拉和偏心受拉的计算方法及影响因素，并给出了最小锚固长度的规定（目前，国内大多由设计人员给出吊装预埋件的最小承载力，施工人员根据生产厂家标示的吊装承载力，乘以一定的吊装预埋件安全系数选取相应的吊装预埋件，对于预埋件的长度或预埋深度，大都根据经验）。在第 2 章中已经提到，金属吊装预埋件主要有双头吊钉、内螺纹提升板件、压扁束口带横销套筒等几种类型。本章对金属吊装预埋件进行拉伸和剪切试验。试验对象主要包括双头吊钉和内螺纹提升板件两种金属吊装预埋件。将吊装预埋件预埋在混凝土板上，预埋件之间的距离不小于 3 倍的有效埋深，考虑混凝土强度、预埋件埋深、预埋件边缘距离的影响，分别对单个预埋件进行拉拔与剪切试验，通过试验研究给出金属吊装预埋件在受力过程中的受力机理、影响因素及可能出现的破坏状态，试验详细内容见附录 A。

1. 拉力作用下的受力机理及破坏状态

金属吊装预埋件在拉力作用下的破坏状态受预埋件自身的材料强度、混凝土强度、预埋件尺寸、埋置深度及吊点位置的影响，在极限拉力作用下的破坏状态主要有 3 种，分别为预埋件拉断破坏、混凝土锥体破坏和混凝土侧锥体破坏。

（1）金属吊装预埋件拉断破坏

试验研究表明，金属吊装预埋件在满足边距和埋深的要求时，在拉力作用下，会发生拉断破坏。图 3.2-1 为金属吊装预埋件发生拉断破坏的试验图，图 3.2-2 为金属吊装预埋件拉断试验全过程的拉力 N 与滑移 δ 曲线图。

图 3.2-1　金属吊装预埋件拉断破坏示意图

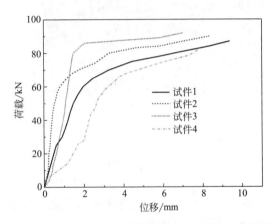

图 3.2-2　金属吊装预埋件拉断试验全过程 N-δ 曲线图

由图 3.2-2 可知，加载初期，荷载-位移曲线近似为一条直线，此时金属吊装预埋件处于弹性阶段；当荷载增大至峰值荷载的 80% 时，在金属吊装预埋件根部、远离预埋件方向的混凝土出现裂缝，并且裂缝逐渐环向发展。当荷载增大至峰值荷载的 80% 时，金属吊装预埋件逐渐进入屈服阶段，并出现径缩现象。此时，继续加载，荷载值仍能继续增大，但增长较为缓慢，位移增长明显加快，试件最终破坏形式为金属吊装预埋件拉断破坏。

当发生金属吊装预埋件拉断破坏时，其抗拉承载力主要受钢材强度的影响，随着钢材强度的逐渐增大，其抗拉承载力逐渐增大。

（2）混凝土锥体破坏

图 3.2-3 和图 3.2-4 分别给出了金属吊装预埋件在不同埋深时混凝土锥体破坏形态和加载过程的荷载-位移曲线。根据图 3.2-4 可知，加载初期，荷载相对较小，曲线近似为直线，此时预埋件周围混凝土损伤较小；当拉拔荷载增大至极限荷载的 80% 时，在金属吊装预埋件根部首先出现混凝土裂缝，并逐渐向外发展；当荷载增大至极限荷载时，千斤顶无法继续持荷，混凝土破坏面呈锥形，预埋件和锥体范围内的混凝土被整体拔出；从混凝土

开裂至整体破坏这一阶段，时间较短，裂缝开展很快，整体呈现出脆性破坏状态。

当金属吊装预埋件混凝土发生锥体破坏时，其抗拉极限承载力受混凝土强度、埋深以及吊钉边缘距离的影响。图 3.2-4 给出了抗拉承载力与埋深之间的关系，随着锚固深度增大，试件的极限承载力不断增大，其主要原因在于当发生混凝土锥体破坏时，埋深越大，混凝土破坏时冲切破坏锥体面积及高度逐渐增大，因此，在一定深度范围内，混凝土锥体破坏极限承载力随着锚固深度不断增大而变大。同时，抗拉承载力随着混凝土强度降低而降低，主要原因是混凝土强度较低时，混凝土抗拉强度减小，抗拉承载力降低。当金属吊装预埋件距离构件边缘的距离较小时，由于边距限制，吊装预埋件边缘部分混凝土发生锥体破坏，冲切锥体面积相对完全锥体较小，抗拉承载力降低。

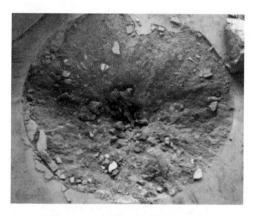

图 3.2-3　混凝土锥体破坏形态

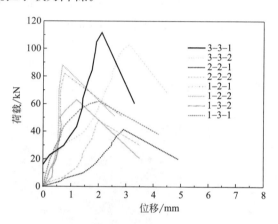

图 3.2-4　金属预埋吊件试验全过程荷载-位移曲线

（3）混凝土侧锥体破坏

由图 3.2-5 可知，临近极限荷载时，在金属吊装预埋件底部混凝土首先出现裂缝，随着荷载的不断增大，裂缝逐渐向两侧边缘逐渐发展，当达到极限状态时，混凝土的最终破坏面为圆锥形破坏面。

图 3.2-6 给出了金属吊装预埋件混凝土侧锥体破坏的荷载-位移曲线。由图 3.2-6 可知，在加载初期，荷载-位移曲线近似为一条直线，试件处于弹性阶段，随着荷载的不断

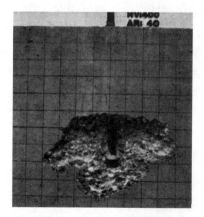

图 3.2-5　混凝土侧锥体破坏

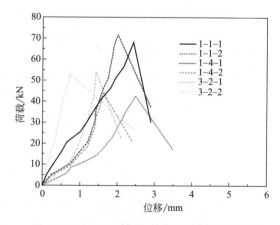

图 3.2-6　混凝土侧锥体破坏荷载-位移曲线

增大，混凝土内部裂缝增加，混凝土裂缝发展更加充分，导致试件逐渐进入塑性阶段，试件抗拉刚度逐渐减小，金属吊装预埋件的抗拉承载力随着埋深的增加逐渐增大，其主要原因在于混凝土破坏面随着埋深的增加逐渐增大

2. 剪力作用下的受力机理及破坏状态

金属吊装预埋件受剪力作用的破坏状态主要有 3 种，分别为预埋件剪切破坏、混凝土边缘剪切破坏和混凝土剪撬破坏。其破坏状态主要受混凝土强度，预埋件直径、埋置深度及埋置位置的影响。当吊装预埋件埋深较大，基材混凝土强度较高且距离混凝土构件边缘距离满足 1.5 倍有效埋深时，在水平剪切荷载作用下，从金属吊装预埋件大多发生预埋件剪切破坏。当金属吊装预埋件距离混凝土构件边缘的最短距离小于 1.5 倍有效埋深时，在预埋件承受沿着最短距离方向的外力时，预埋件往往发生混凝土边缘剪切破坏。当预埋件埋深较浅且混凝土强度较低时，在剪力作用下，试件易发生混凝土剪撬破坏。

（1）金属吊装预埋件剪切破坏

图 3.2-7 和图 3.2-8 分别给出了金属吊装预埋件剪切破坏示意图和金属吊装预埋件剪切破坏荷载-位移曲线。从图 3.2-8 中可以看出，加载初期，荷载与位移成等比例增长，金属吊装预埋件处于弹性阶段。当荷载增大至极限荷载的 80％时，荷载增长速率逐渐降低，此时金属吊装预埋件进入塑性阶段。继续加载，剪切荷载仍能缓慢增大，直至金属吊装预埋件发生剪切破坏。该曲线与钢材剪切破坏时的荷载-位移曲线相似，主要原因在于金属吊装预埋件剪切破坏形态为其本身的钢材破坏，混凝土损伤不明显，因此，可以近似理解为与钢材剪切破坏时的荷载-位移曲线一致，这种破坏形式下，影响金属吊装预埋件抗剪承载力的主要因素是金属材料的抗剪强度。

图 3.2-7 金属吊装预埋件剪切破坏

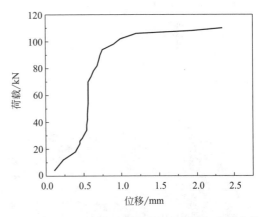

图 3.2-8 金属吊装预埋件剪切破坏荷载-位移曲线

（2）混凝土边缘剪切破坏

图 3.2-9 给出了金属吊装预埋件混凝土边缘剪切破坏状态示意图，V 为金属吊装预埋件承受的剪力。图 3.2-10 给出了金属吊装预埋件边缘剪切破坏时荷载-位移曲线。由图 3.2-10 可知，金属吊装预埋件达到极限状态之前，其荷载-位移曲线基本为直线。随着剪力的增加，裂缝首先在金属吊装预埋件根部混凝土平行且与剪力相反的部位出现，此时金属吊装预埋件已经达到最大荷载。继续加载，抗剪承载力逐渐降低，裂缝逐渐向两侧延

伸，金属吊装预埋件两侧裂缝基本保持对称并向外延伸，同时混凝土侧面出现平行于混凝土边缘的裂缝，裂缝不断延伸，直至混凝土发生边缘破坏，最终破坏时，金属吊装预埋件外侧有效埋深范围内的混凝土发生整体脱落。从金属吊装预埋件外侧混凝土图中可以看出，金属吊装预埋件破坏前整体位移较小，极限状态时位移大约为 0.5mm，此时，金属吊装预埋件根部裂缝较大，承载力迅速下降，破坏形态为脆性破坏。

这种破坏模式下，其抗剪承载力主要是由混凝土强度和金属吊装预埋件与混凝土构件边缘的距离决定的。随着距离的逐渐增大，剪切破坏时混凝土受剪破坏面积增大，其抗剪承载力逐渐增大；当混凝土强度增大时，混凝土抗拉强度随之增大，其抗剪承载力增大。

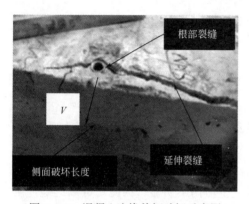

图 3.2-9　混凝土边缘剪切破坏示意图

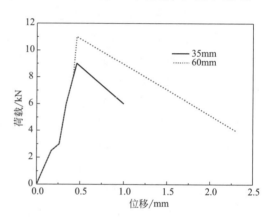

图 3.2-10　预埋件剪切破坏时荷载-位移曲线

3.2.2　临时支撑预埋件

临时支撑预埋件常应用于预制墙体和预制框架构件中，为短时间受力配件，在建筑施工后退出工作。临时支撑预埋件在工作时，主要承受压剪荷载或拉剪荷载。本节主要对临时支撑预埋件的破坏机理、计算方法和构造要求进行分析论述。常见的临时支撑预埋件如图 3.2-11 所示。

图 3.2-11　临时支撑预埋件

临时支撑在工作过程中主要承受墙板自重荷载，主要为拉压荷载作用和水平剪力作用，因此，预埋在混凝土中的临时支撑预埋件的主要受力方式为拉剪或压剪复合受力。

预埋在混凝土中的临时支撑预埋件，其受力情况和破坏机理与金属吊装预埋件基本相同，可参考"3.2.1 金属吊装预埋件"。

3.2.3　夹心保温墙板连接件

预制混凝土夹心保温外墙具有承重、保温与装饰一体化的优点，可实现保温体系与主体结构同寿命。夹心保温墙板连接件是预制混凝土夹心保温外墙的关键部件，其力学性能直接影响墙体的安全性。从本书第 3.1 节的受力分析可以看出，连接件主要承受拉力和剪力作用。本节主要对 FRP 连接件、不锈钢板式连接件和桁架式不锈钢连接件的抗拉和抗剪力学性能进行分析。

1. FRP 连接件

（1）拉力作用下的受力机理及破坏状态

对预埋在混凝土中的不同埋深的 FRP 连接件进行了抗拉性能试验研究，研究埋深对其力学性能的影响情况。预制构件中的 FRP 连接件在受到拉力作用时，其破坏形态受混凝土强度和埋深的影响，主要有拔出破坏［图 3.2-12（a）］和拉断破坏［图 3.2-13（a）］。混凝土强度对 FRP 连接件的破坏形态有一定的影响，随着混凝土强度的增大，FRP 连接件表面与混凝土之间的粘结力逐渐增大，当粘结力小于连接件的破坏承载力时，FRP 连接件发生拔出破坏；当粘结力大于连接件的破坏承载力时，FRP 连接件发生拉断破坏。

1）FRP 连接件拔出破坏

图 3.2-12（b）中给出了 FRP 连接件拔出破坏荷载-位移曲线。由图 3.2-12（b）可知，加载初期，连接件处于弹性阶段，此时拉拔力主要由连接件承受，连接件与混凝土之间无明显滑移；当荷载逐渐增大至连接件与混凝土之间的粘结极限状态时，连接件与混凝土之间发生相对滑移，荷载迅速下降，此时抗拉承载力主要由连接件与混凝土之间的粘结力组成，随着相对位移的逐渐增大，连接件与混凝土之间的粘结面积逐渐减小，拉拔力逐渐减小，最终连接件被完全拔出。

FRP 连接件发生拔出破坏时，连接件与混凝土之间的锚固作用主要取决于粘结力，粘结力主要来源为胶结力，即接触面上的化学吸附力，因此，抗拉承载力影响的主要因素是混凝土强度及连接件的埋深，当连接件锚固长度不足时，将发生锚固失效，即 FRP 连接件与混凝土之间的粘结应力超过极限粘结强度或者滑移过大。研究表明，连接件抗拉承载力随着埋深的增大和混凝土强度的增大而逐渐升高。

2）FRP 连接件拉断破坏

图 3.2-13（b）中给出了 FRP 连接件拉断破坏荷载-位移曲线。由图 3.2-13（b）可知，加载初期，连接件处于弹性阶段，此时拉拔力主要由连接件承受，连接件与混凝土之间无明显滑移；当荷载增大至极限荷载的 75% 时，FRP 连接件出现非弹性变形，即连接件进入塑性阶段；继续加载，直至达到极限荷载，连接件被拉断，荷载迅速降低至零。整个加载过程中，连接件与混凝土之间并无明显的相对滑移。连接件此种破坏形态的抗拉承载力的主要影响因素是 FRP 材料抗拉强度。

（2）剪力作用下的受力机理及破坏状态

对预埋在混凝土中的不同型号 FRP 连接件进行了抗剪性能试验研究，主要考虑埋深和不同的保温层厚度的影响。FRP 连接件剪切荷载作用下的破坏形态和荷载-位移曲线如

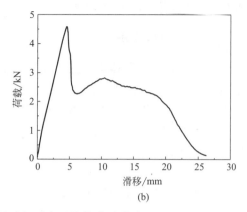

(a)　　　　　　　　　　　(b)

图 3.2-12　FRP 连接件拔出破坏形态及荷载-位移曲线

（a）FRP 连接件拔出破坏形态；（b）FRP 连接件拔出破坏荷载-位移曲线

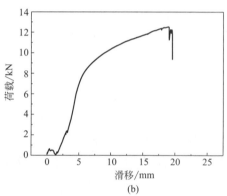

(a)　　　　　　　　　　　(b)

图 3.2-13　FRP 连接件拉断破坏及荷载-位移曲线

（a）FRP 连接件拉断破坏；（b）FRP 连接件拉断破坏荷载-位移曲线

图 3.2-14（b）所示。

由图 3.2-14（a）可知，在满足产品使用构造要求的前提下，FRP 连接件在剪切荷载作用下主要发生材料破坏（其破坏形态在一定范围内，受保温层厚度的影响不大），连接件两侧混凝土并无明显破坏，能够满足两端嵌固端的要求。在剪切荷载作用下，连接件主要承受剪力和弯矩作用，弯矩的大小是由保温层厚度和外荷载共同决定的，与两端固定梁受力相似，连接件两端承受的弯矩最大，剪力在连接件长度方向均匀分布。根据图 3.2-14（b）可知，在弯矩和剪力的共同作用下，连接件始终处于弹性阶段，当荷载逐渐增大，使连接件最外侧受拉边缘纤维应力达到 FRP 材料的抗拉强度时，最外侧受拉边缘纤维拉断，承载力逐渐下降，继续加载，连接件纤维全部被拉断。

此种破坏状态下，连接件的抗剪承载力的主要影响因素是 FRP 材料的抗拉强度和保温层厚度。随着保温层厚度的逐渐增大，弯矩力臂逐渐增大，连接件锚固端的弯矩逐渐增大，连接件最外侧纤维更早达到抗拉强度，抗剪承载力逐渐降低。

2. 不锈钢板式连接件

（1）拉力作用下的受力机理及破坏状态

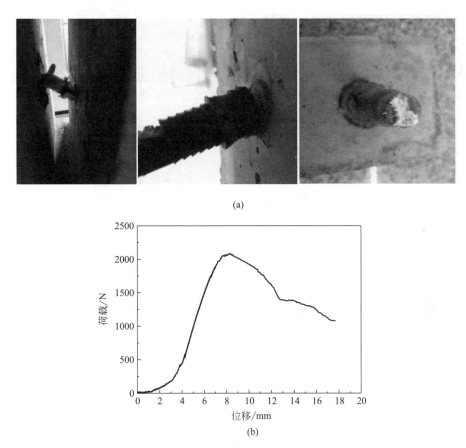

(a)

(b)

图 3.2-14　FRP 连接件受剪破坏及荷载-位移曲线

（a）FRP 连接件剪切破坏；（b）FRP 连接件剪切破坏荷载-位移曲线

考虑不同保温层厚度对不锈钢板式连接件力学性能的影响，进行了拉拔试验，板式连接件受拉破坏形态如图 3.2-15（a）所示。由图 3.2-15（a）可知，不锈钢板式连接件最终破坏形态为附加钢筋上部混凝土发生近似锥体破坏。

图 3.2-15（b）中给出了板式连接件拉拔破坏荷载-位移曲线。从图 3.2-15（b）中可以看出，加载初期，曲线近似为一条直线，试件基本处于弹性阶段，此时荷载主要是由附加钢筋承受；随着荷载的不断增大，附加钢筋周围混凝土内部损伤逐渐增大，附加钢筋上部混凝土逐渐出现裂缝，荷载继续增大，附加钢筋上部混凝土拉崩，连接件达到极限状态，试件破坏。曲线进入下降阶段，试件宣告破坏。同时，从图中的曲线可以看出，当构件承载力下降到一定程度时，荷载-位移曲线近似为一条直线，主要原因在于此时附加钢筋与墙板内构造钢筋具有良好的连接，混凝土锥体破坏后附加钢筋受拉并进入塑性阶段，但仍具有一定的承载力，可见板式连接件具有良好的安全储备，在破坏之后具有一定的剩余承载力。

通过上述分析可知，板式连接件的抗拉承载力主要是由混凝土和附加钢筋两部分组成，因此，影响其抗拉承载力的因素主要包括混凝土强度、附加钢筋屈服强度和连接件埋深。随着混凝土强度和连接件埋深的增大，混凝土破坏锥体面积逐渐增大，板式连接件的抗拉承载力逐渐增大。

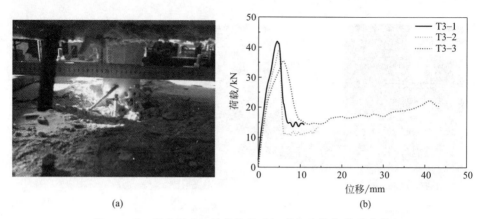

图 3.2-15　部分板式连接件拉拔破坏形态及荷载-位移曲线

（a）拉拔破坏形态；（b）拉拔破坏荷载-位移曲线

（2）剪力作用下的受力机理及破坏状态

考虑不同保温层厚度对不锈钢板式连接件力学性能的影响，还进行了剪切试验，板式连接件受剪破坏形态如图 3.2-16（a）所示。连接件在实际使用过程中主要承受弯矩和剪力作用，连接件截面处于弯剪复合受力状态。

由图 3.2-16（b）可知，加载初期，荷载-位移曲线近似为一条直线，此时钢材处于弹性阶段，随着荷载增大，不锈钢板式连接件在弯矩和剪力的共同作用下在端部首先发生弯曲失稳，荷载继续增大，荷载-位移曲线进入下降段，连接件周围混凝土出现少量剥落，随着塑性变形的持续增大，连接件发生较大的剪切变形，试件破坏。

连接件发生剪切破坏时，影响抗剪承载力的因素主要包括保温层厚度和钢板的屈服强度。根据图 3.2-16（b）可以看出，随着保温层厚度的不断增大，构件中板式连接件力臂不断增大，相同连接件的抗剪承载力逐渐降低。当保温层厚度较小时，截面主要承受剪应力作用，弯矩引起的正应力相对较小。随着保温层厚度的增大，连接件钢板截面承受的弯矩逐渐增大，截面正应力所占的比重逐渐增大，破坏承载力主要由截面弯矩控制，弯矩随着保温层厚度的增大而逐渐变大，因此，板式连接件的极限承载力随着保温层厚度的增大而逐渐减小。

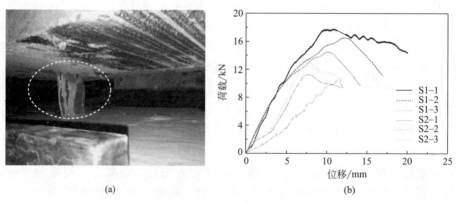

图 3.2-16　板式连接件剪切破坏示意图及荷载-位移曲线

（a）连接件剪切破坏形态；（b）连接件剪切破坏荷载-位移曲线

3. 桁架式不锈钢连接件

桁架式不锈钢连接件从 20 世纪 60 年代开始，在欧洲广泛应用。该产品具有抗剪、抗拉强度高，导热性能低，抗弯性能强等特点。薛伟辰[44] 对适用于保温层厚度为 50mm 的桁架式不锈钢连接件抗拉、抗剪力学性能进行了系统的试验研究，并对破坏形态和受力机理进行了分析和描述。

（1）拉力作用下的受力机理及破坏状态

试件加载至约 $0.5P_u$ 时，连接件根部混凝土开裂，连接件斜腹杆角度发生变化；随着荷载的继续增大，连接件根部混凝土出现崩裂，连接件两根斜腹杆之间的角度不断减小；最终破坏时，其破坏形态包括连接件斜腹杆拉断和连接件根部斜腹杆与弦杆的焊点脱开，如图 3.2-17 所示。

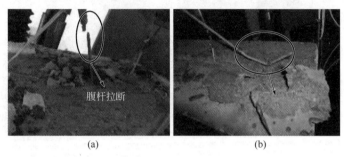

图 3.2-17　桁架式不锈钢连接件受拉破坏形态
（a）斜腹杆拉断；（b）斜腹杆与弦杆的焊点脱开

如图 3.2-18 所示，连接件荷载-位移曲线在加载初期呈直线，连接件斜腹杆应变随荷载增加而增加，基本呈线性关系。在荷载达到 10kN 左右时，连接件根部混凝土开裂，此时试件刚度发生突变，荷载-位移曲线出现明显拐点。连接件根部混凝土开裂后，试件的刚度下降较为明显，但荷载-位移曲线仍保持线性关系。随着荷载的继续增大，连接件斜腹杆均屈服。此后，连接件上的应变片由于应变过大而损坏，当试验加载到 21kN 左右时，试件发生破坏。

（2）剪力作用下的受力机理及破坏状态

如图 3.2-19 所示，加载初期，在混凝土板之间几乎没有相对位移；随着荷载增加，混凝土板间的相对位移快速增加，连接件受拉腹杆以及受压腹杆均屈服；当荷载达到塑性极限值时，混凝土板间的相对位移过大（＞60mm）。

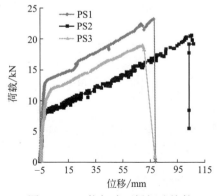

图 3.2-18　桁架式不锈钢连接件
受拉荷载-位移曲线

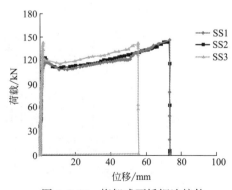

图 3.2-19　桁架式不锈钢连接件
受剪荷载-位移曲线

59

图 3.2-20 为剪力作用下连接件的破坏形态，在试件加载初期，荷载随位移呈线性增加；随着荷载增加，试件上部内、外侧混凝土板的间距逐渐拉近，分析原因是弯矩作用导致保温层与内、外侧混凝土板间产生较大竖向相对位移，连接件受拉斜腹杆断裂并发出较大金属断裂声；最终破坏时，连接件受压腹杆屈服，受拉腹杆拉断。

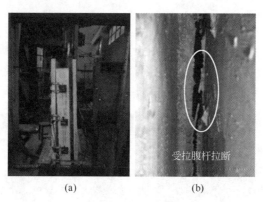

(a)　　　　　　　　(b)

图 3.2-20　桁架式不锈钢连接件受剪破坏形态

(a) 受压腹杆屈服；(b) 受拉腹杆拉断

3.3　配件标准承载力确定

由本章第 3.1 节可知，配件承载力标准值应采用型式检验确定，而对于研究较为成熟的部分配件，可采用 3.3.1 中理论计算的方式进行承载力标准值计算。

3.3.1　金属吊装预埋件（临时支撑预埋件）承载力理论计算

目前，国内没有关于金属吊装预埋件、临时支撑预埋件的相关设计标准，国外规范对部分预埋件承载力计算进行了规定。当预埋件产品形式为预埋螺栓、J 形或 L 形吊件和栓钉锚板（图 3.3-1），并且杆件直径小于 50mm、埋深 h_{ef} 小于 635mm 时，可参考 ACI 318-05[45] 中的相关公式进行承载力计算。同时，由于大多数预埋件在实际受力情况下均处于拉剪（或压剪）复合受力状态，因此，本节重点对预埋件承受拉压、剪切以及复合受力状态下的承载力进行计算与分析。

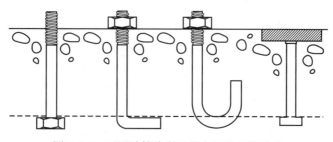

图 3.3-1　可用计算确定承载力的预埋件形式

1. 金属吊装预埋件（临时支撑预埋件）受拉承载力理论计算

表 3.3-1 给出了金属吊装预埋件或临时支撑预埋件受拉破坏模式。当金属吊装预埋件

或临时支撑预埋件承受轴向拉力作用时，单一金属吊装预埋件或临时支撑预埋件受混凝土强度、埋深、钢材强度等因素的影响，可能分别发生预埋件本身的钢材破坏、混凝土锥体破坏、混凝土劈裂破坏和混凝土侧锥体破坏四种破坏形式，劈裂破坏可以通过人为地控制埋深、间距等避免发生，拉断破坏、锥体破坏和侧锥体破坏可以通过计算得到控制。

表 3.3-1　受拉破坏模式

破坏模式	破坏位置	承载力控制
金属吊装预埋件拉断破坏	金属吊装预埋件	钢材抗拉强度
混凝土锥体破坏	混凝土	混凝土抗拉强度
混凝土劈裂破坏	混凝土	混凝土抗拉强度
混凝土侧锥体破坏	基材侧面	混凝土抗拉强度

（1）当金属吊装预埋件或临时支撑预埋件发生钢材破坏时（图 3.3-2），边缘混凝土损伤较小，金属吊装预埋件受拉承载力由钢材的性能控制，对应的受拉承载力标准值可按下式计算：

$$N_{sa} = A_{se,N} f_{uta} \qquad (3.3\text{-}1)$$

式中　N_{sa}——受拉承载力标准值；

　　　$A_{se,N}$——单个吊装预埋件的有效截面面积；

　　　f_{uta}——吊装预埋件所用钢材的抗拉强度标准值。

（2）当金属吊装预埋件发生混凝土锥体破坏（图 3.3-3）时，预埋件被完全拔出，混凝土锥体破坏半径大约为 1.5 倍有效埋深，此时，预埋件受拉承载力由混凝土强度和预埋件的埋深控制。当预埋件埋置位置的混凝土存在裂缝或预埋件与混凝土边缘的距离不满足约束要求时，需要乘以相应的修正系数，其受拉承载力设计值 N_{cb} 的计算公式为：

$$N_{cb} = \frac{A_{Nc}}{A_{Nc0}} \psi_{ed,N} \psi_{c,N} N_b \qquad (3.3\text{-}2)$$

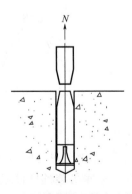

图 3.3-2　金属吊装预埋件发生钢材破坏

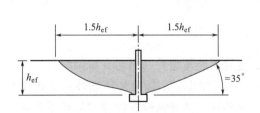

图 3.3-3　锥体破坏计算范围

式中　A_{Nc}——用于计算抗拉承载力的混凝土破坏面的投影面积；当 $c_{a1} < 1.5 h_{ef}$ 时，$A_{Nc} = (c_{a1} + 1.5 h_{ef})(2 \times 1.5 h_{ef})$，如图 3.3-4 所示；

　　　A_{Nc0}——在无边距、空间影响的情况下，用于计算抗拉强度的混凝土破坏面的投影面积；$A_{Nc0} = (2 \times 1.5 h_{ef})(2 \times 1.5 h_{ef}) = 9 h_{ef}^2$，如图 3.3-5 所示；

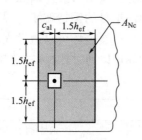

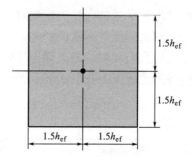

图 3.3-4　用于计算抗拉承载力的　　　图 3.3-5　在无边距、空间影响情况下用于计算
　　　　　混凝土破坏面的投影面积　　　　　　　抗拉强度的混凝土破坏面的投影面积

$\psi_{\mathrm{ed,N}}$——抗拉强度受边距影响的修正系数；如果 $c_{\mathrm{a,min}} \geqslant 1.5 h_{\mathrm{ef}}$，$\psi_{\mathrm{ed,N}} = 1.0$；如果

$$c_{\mathrm{a,min}} < 1.5 h_{\mathrm{ef}}，\quad \psi_{\mathrm{ed,N}} = 0.7 + 0.3 \frac{c_{\mathrm{a,min}}}{1.5 h_{\mathrm{ef}}}；$$

$\psi_{\mathrm{c,N}}$——抗拉强度受裂缝影响的修正系数，取值为 1.25；

N_{b}——混凝土中单个吊装预埋件情况下，混凝土的抗拉破坏强度。

混凝土中单个吊装预埋件受拉状态下混凝土锥形体破坏抗拉强度的计算公式为：

$$N_{\mathrm{b}} = 10 \sqrt{f_{\mathrm{c}}'} \, h_{\mathrm{ef}}^{1.5} \tag{3.3-3}$$

式中　f_{c}'——混凝土立方体抗压强度标准值；

h_{ef}——吊装预埋件的有效埋深。

（3）吊装预埋件发生侧锥体破坏（图 3.3-6）时，单个吊装预埋件侧锥体破坏承载力的计算公式为：

当 $h_{\mathrm{ef}} > 2.5 c_{\mathrm{a1}}$

$$N_{\mathrm{sb}} = 13 c_{\mathrm{a1}} \sqrt{A_{\mathrm{brg}}} \sqrt{f_{\mathrm{cu,k}}} \tag{3.3-4}$$

式中　c_{a1}——在一个方向上，吊装预埋件的轴心到混凝土边缘的距离，拉拔情况下取最小值；

A_{brg}——吊装预埋件的净受力面积；

$f_{\mathrm{cu,k}}$——混凝土立方体抗压强度标准值。

如果双头锚栓的 c_{a2} 小于 $3c_{\mathrm{a1}}$，则 N_{sb} 还应乘以系数 $(1 + c_{\mathrm{a2}}/c_{\mathrm{a1}})/4$，其中 $1.0 \leqslant \dfrac{c_{\mathrm{a2}}}{c_{\mathrm{a1}}} \leqslant 3.0$。

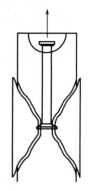

图 3.3-6　侧锥体破坏

2. 金属吊装预埋件（临时支撑预埋件）受剪承载力理论计算

表 3.3-2 给出了金属吊装预埋件或临时支撑预埋件承受剪切荷载作用时的破坏形态。当金属吊装预埋件或临时支撑预埋件承受剪切荷载作用时，单一金属吊装预埋件或临时支撑预埋件受混凝土强度、埋深、钢材强度等因素的影响，可能发生吊装预埋件剪断破坏、混凝土剪撬破坏、混凝土楔形体破坏三种破坏形式。

表 3.3-2　受剪破坏形态

破坏形态	破坏位置	承载力控制
金属吊装预埋件剪断破坏	金属吊装预埋件	钢材抗剪强度

续表

破坏形态	破坏位置	承载力控制
混凝土剪撬破坏	混凝土	混凝土抗压强度
混凝土楔形体破坏	混凝土	混凝土抗拉强度

（1）吊装预埋件发生剪断破坏（图 3.3-7），单个吊装预埋件抗剪承载力标准值应按以下公式计算：

$$V_{sa} = A_{se,V} f_{uta} \qquad (3.3\text{-}5)$$

式中　$A_{se,V}$——剪力作用下单个吊装预埋件的有效截面面积；

　　　f_{uta}——吊装预埋件用钢的抗拉强度设计值，不大于 $1.9 f_{ya}$ 和 860MPa 中的较小值，f_{ya} 为屈服强度标准值。

（2）发生混凝土剪撬破坏（图 3.3-8）时，单个吊装预埋件的抗剪承载力计算公式为：

$$V_{cp} = k_{cp} N_{cp} \qquad (3.3\text{-}6)$$

式中　k_{cp}——剪撬破坏强度系数；当 $h_{ef} < 65\text{mm}$ 时，$k_{cp}=1.0$；$h_{ef} \geqslant 65\text{mm}$ 时，$k_{cp}=2.0$；

　　　N_{cp}——单个吊装预埋件受拉状态下的混凝土破坏名义强度，$N_{cp}=N_{cb}$。

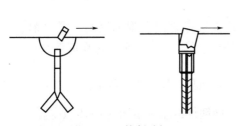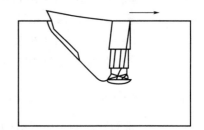

图 3.3-7　剪断破坏　　　　　　　　图 3.3-8　混凝土剪撬破坏

（3）混凝土楔形体破坏如图 3.3-9 所示，单个吊装预埋件的抗剪承载力标准值应按以下公式计算：

$$V_{cb} = \frac{A_{Vc}}{A_{Vco}} \psi_{ed,V} \psi_{c,V} \psi_{h,V} V_b \qquad (3.3\text{-}7)$$

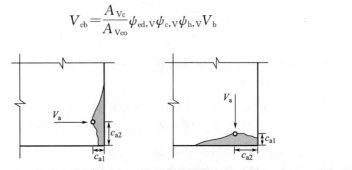

图 3.3-9　混凝土楔形体破坏

式中　A_{Vc}——剪切荷载作用下单个吊装预埋件混凝土破坏面积；

　　　A_{Vco}——无角度、间距、构件厚度的影响下，构件上单个吊装预埋件混凝土破坏面积，$A_{vco}=2(1.5c_{a1}) \times (1.5c_{a1})=4.5c_{a1}^2$，如图 3.3-10 所示；

　　　$\psi_{ed,V}$——接近混凝土构件边缘的吊装预埋件抗剪强度的修正系数；如果 $c_{a2} \geqslant 1.5c_{a1}$，

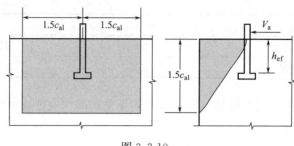

图 3.3-10

$\psi_{\text{ed,V}}=1.0$；如果 $c_{\text{a2}}<1.5c_{\text{a1}}$，$\psi_{\text{ed,N}}=0.7+0.3\dfrac{c_{\text{a2}}}{1.5c_{\text{a1}}}$；

$\psi_{\text{c,v}}$——在混凝土中有无裂缝和附加钢筋的情况下，吊装预埋件抗剪强度的修正系数；对于锚固在混凝土没有裂缝存在的区域的单个锚栓，$\psi_{\text{c,v}}$ 取 1.4；对于锚固在混凝土有裂缝存在的区域的单个锚栓，$\psi_{\text{c,v}}$ 按下面取值：

$\psi_{\text{c,v}}=1.0$，对于没有构造钢筋的带裂缝混凝土吊装预埋件的修正系数；

$\psi_{\text{c,v}}=1.2$，对于吊装预埋件和构件边缘之间有附加钢筋、带裂缝混凝土吊装预埋件的修正系数；

$\psi_{\text{c,v}}=1.4$，对于吊装预埋件和构件边缘之间有附加钢筋，同时钢筋是闭合的，间距不超过 100mm 的带裂缝混凝土吊装预埋件的修正系数；

$\psi_{\text{h,v}}$——构件厚度小于 $1.5c_{\text{a1}}$ 时，吊装预埋件抗剪强度修正系数 $\psi_{\text{h,v}}=\sqrt{\dfrac{1.5c_{\text{a1}}}{h_{\text{a}}}}\geqslant1.0$；

V_{b}——带裂缝混凝土中受剪的单个吊装预埋件的基材混凝土破坏强度。

如果剪力平行于构件边缘，抗剪承载力可以为 $2V_{\text{cb}}$。

当吊装预埋件位于构件角部时，应按两个方向分别计算，并取较小值。带裂缝混凝土中单个吊装预埋件抗剪承载力取下面两个式子中的较小值：

$$V_{\text{b}}=3.8\sqrt{f'_{\text{cu,k}}}\,c_{\text{a1}}^{1.5} \tag{3.3-8}$$

$$V_{\text{b}}=0.6\left(\frac{l_{\text{e}}}{d_{\text{a}}}\right)^{0.2}\sqrt{d_{\text{a}}}\sqrt{f'_{\text{cu,k}}}\,c_{\text{a1}}^{1.5} \tag{3.3-9}$$

式中　l_{e}——吊装预埋件承受剪切荷载的有效长度，$l_{\text{e}}=h_{\text{ef}}$；

d_{a}——吊装预埋件的外径；

c_{a1}——在一个方向上，吊装预埋件的轴心到剪力垂直的混凝土边缘的距离，小于 $c_{\text{a2}}/1.5$ 和 $h_{\text{a}}/1.5$ 中的较小值，c_{a2} 为边距中较大的一个；

$f'_{\text{cu,k}}$——混凝土立方体抗压强度标准值。

3. 金属吊装预埋件（临时支撑预埋件）受拉剪承载力理论计算

金属吊装预埋件或临时支撑预埋件在正常使用过程中，往往承受拉力和剪力的复合作用，其破坏形态为两种，一种是金属吊装预埋件或支撑预埋件的钢材破坏，另一种是混凝土破坏。对于不同的破坏形式，金属吊装预埋件拉剪承载力理论计算公式如下所示。

（1）拉剪复合受力时，当金属吊装预埋件发生钢材破坏时，承载力可按式（3.3-10）进行计算：

$$(N_{Ed}/N_{Rd,s})^2 + (V_{Ed}/V_{Rd,s})^2 \leqslant 1 \tag{3.3-10}$$

（2）拉剪复合受力时，当发生混凝土破坏时，承载力可按式（3.3-11）进行计算：

$$(N_{Ed}/N_{Rd,c})^{1.5} + (V_{Ed}/V_{Rd,c})^{1.5} \leqslant 1 \tag{3.3-11}$$

（3）拉剪复合受力时，当发生混凝土和钢材复合破坏时，承载力可按式（3.3-12）进行计算：

$$(N_{Ed}/N_{Rd})^{5/3} + (V_{Ed}/V_{Rd})^{5/3} \leqslant 1 \tag{3.3-12}$$

3.3.2　金属吊装预埋件型式检验

1. 金属吊装预埋件的型式检验

（1）型式检验应对吊装预埋件所有可能遇到的各种荷载状态进行检验，如果只有一种状态起控制作用，可只对这种状态下的最大荷载和最不利荷载进行检验。

（2）型式检验应由有资质的单位完成。

（3）型式检验应建立一组不同尺寸、不同埋深的吊装预埋件承载力数据库，使用者可以根据自身需求在数据库中进行选取，型式检验必须涵盖产品说明书上产品的应用范围。承载力数据库中包含多少组数据，应由厂家决定。各厂家的产品规格基本上有一定的规律，型号最好并不是很多，但能够满足市场的应用。对于专门的产品，应该进行型式检验；对于特殊要求的产品，由于没有批量，可以不做型式检验，但是必须要进行专门试验，根据检测报告进行设计选用。

（4）型式检验所用的试件应完全代表产品说明书中的吊装预埋件的各种用途，一般应包含以下影响因素：

1）吊装预埋件的加载机制和预埋吊件系统。

2）吊装预埋件的几何形状、材料、埋深、截面尺寸、抗拉强度、屈服强度。

3）吊装预埋件和吊装预埋件系统荷载方向（拉力、剪力、拉剪耦合）。

4）混凝土构件尺寸。

5）试验时的混凝土强度。

6）吊装预埋件在混凝土中的位置（如间距与边距）。

7）钢筋。

（5）在型式检验中，试验装置应符合以下规定：

1）试件应固定在坚固的地面上，支架与吊装预埋件之间的距离应至少为 $1.5h_{ef}$（拉伸试验）或 $1.5C_1$（沿自由端方向进行边缘剪切试验，C_1 为自由端到吊装预埋件的距离）。只有在没有边缘效应的剪切试验中发生吊装预埋件钢材破坏时，边距可小于 $1.5C_1$。

2）在试验中，吊装预埋件应与配套吊钩一起使用。

3）试件中可配置构造钢筋，但构造钢筋不应对试验结果产生影响。

4）当型式检验试验过程中配置构造钢筋时，吊装预埋件应用时也应配置构造钢筋，并在产品说明书上加以说明。为了方便移动试件和使试件均匀受力，可配置构造钢筋，构造钢筋应配置在混凝土破坏范围以外。

（6）型式检验得到的承载力应按下列方法进行处理：

1）混凝土破坏

当试验时混凝土的强度在设计强度的 $-20\% \sim 30\%$ 范围内时，可采用下列公式进行同化处理：

$$R_{u,fcc} = R_u^t (f_{cc}/f_{cc,test})^{0.5} \qquad (3.3-13)$$

式中　$R_{u,fcc}$——混凝土抗压强度为 f_{cc} 时，吊装预埋件承载力换算值（N）；

　　　R_u^t——混凝土抗压强度为 $f_{cc,test}$ 时，吊装预埋件承载力实测值（N）；

　　　f_{cc}——混凝土抗压强度标准值；

　　　$f_{cc,test}$——混凝土抗压强度实验值。

2）钢材破坏

金属吊装预埋件发生钢材破坏时，应按式（3.3-14）进行钢材强度和吊钉直径的归一化换算：

$$F_{nom,i} = F_{test,i} \cdot \frac{f_{stk}}{f_{stk,test,x}} \cdot \frac{d_{nom}}{d_{test,i}} \qquad (3.3-14)$$

式中　f_{stk}——破坏位置钢材的公称抗拉强度标准值（MPa），按钢材规格对应取值；

　　$f_{stk,test,x}$——被测金属吊装预埋件的钢材抗拉强度实测平均值（MPa），由材料检测得出，取件数量≥3；

　　　d_{nom}——金属吊装预埋件公称直径（mm）；

　　　$d_{test,i}$——单个被测金属吊装预埋件的实测直径（mm），当其小于 d_{nom} 时，取 d_{nom}。

当材料检测中出现钢材抗拉强度实测值低于钢材对应规格的公称抗拉强度时，产品未满足此评价要求。

2. 型式检验中的锚固性能试验

（1）试验时，混凝土的强度不应小于 20MPa。

（2）当进行拉剪耦合试验时，加载的方向应根据产品说明书中允许的最大角度确定。

（3）试验应加载至破坏。加载时还应满足以下要求：

1）宜采用预加载的方式消除初始误差，预加载的值为预计极限荷载的 5%。

2）加载时荷载应连续施加，加载速率宜为 2kN/s，且加载时间不应小于 2min，应避免突然加载。

3）如采用位移控制加载，应加载至力达到极限以后，下降到极限值的 75% 时停止。

（4）试验过程中力和位移应同时记录，加载设备的测量误差不应大于极限荷载的 2%，位移测量的误差不应大于 0.02mm。

（5）若试验结果为拔出破坏，则判定试验失败。

（6）所有的荷载-位移曲线应该表现出平稳的增长趋势。在拉拔试验中，荷载-位移曲线的水平部分或接近水平部分用来表示预埋件出现滑移时的抗力值，应达到抗力极限值的 80%，计算公式为：

$$N_1 = 0.8 N_u \qquad (3.3-15)$$

式中　N_u——拉力荷载下的抗力极限值。

如果没有达到式（3.3-15）的要求，抗力特征值 N_1 应按比例减少。

例如，图 3.3-11 为拉力荷载下吊埋预埋件荷载-位移曲线，曲线 1 和曲线 2 是表示允许的情况，

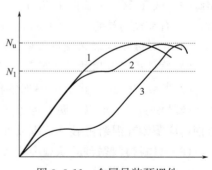

图 3.3-11　金属吊装预埋件荷载-位移曲线

曲线 3 是不允许出现的情况。

（7）测量值的平均值 M 按式（3.3-16）计算：

$$M=\sum M_i/n \tag{3.3-16}$$

式中　M_i——第 i 个试验样品的测量值；

　　　　n——试验样品数；

　　　　i——第 i 个试验样品，$i=1\sim n$。

（8）测量值变异系数 ν 按式（3.3-17）计算：

$$\nu=\sqrt{\sum(M_i-M)^2/(n-1)}/M \tag{3.3-17}$$

（9）测量值的标准值 M_k 按式（3.3-18）计算：

$$M_k=M(1-k\nu) \tag{3.3-18}$$

式中　k——系数，当 $n=5$ 时，$k=3.40$；当 $n=10$ 时，$k=2.57$。

（10）金属吊装预埋件的承载力标准值应由下列破坏形式中的最小值确定，并应具有 95% 的保证率。

1）吊装预埋件钢材的抗拉破坏。

2）吊装预埋件钢材的抗剪破坏。

3）吊装预埋件在混凝土中受拉锥体破坏。

4）吊装预埋件在混凝土中受剪楔形体破坏。

5）吊装预埋件在混凝土中受拉拔出。

6）吊装预埋件在混凝土中受拉侧锥体破坏。

7）吊装预埋件在混凝土中受剪剪撬破坏。

8）吊装预埋件在混凝土中受拉劈裂破坏。

9）吊装预埋件附件钢筋破坏。

10）吊具钢材的破坏。

3.3.3　夹心保温墙板连接件承载力标准值确定

夹心保温墙板在生产和使用过程中，连接件会受到脱模吸附力、风吸（压）拉拔荷载作用以及外叶墙板自重、竖向地震作用等剪切荷载作用，受上述荷载作用，连接件可能会从外叶墙板内拔出，也可能被剪断。为了保证夹心保温墙板在使用过程中的安全性和可靠性，防止外叶墙板脱落，做到安全、经济、合理，需要确定连接件的承载力。

对于夹心保温墙板连接件，由于形式较为多样（如棒状、片状等）且材料不一（如玻璃纤维、钢材等），且上述因素对承载力影响较大，承载力计算公式又并无统一规定，所以需要进行型式检验确定连接件抗拉和抗剪承载力标准值，检验方法主要依据《预制混凝土夹心保温外墙板应用技术标准》DG/T 08—2158—2017。

1. FRP 连接件承载力标准值确定

（1）FRP 连接件抗拉承载力标准值确定

FRP 连接件型式检验应符合如下规定：

1）型式检验中拉拔性能试验应符合以下规定：

① 棒状、片状连接件抗拉试件由混凝土板、连接件、钢棒、钢框架和夹持端组成，

每个试件中预埋 1 个 FRP 连接件。

② 连接件在夹持端和混凝土板中的锚固深度应满足设计要求。

③ 夹持端采用高强灌浆料浇筑而成，灌浆料应符合现行行业标准《装配式混凝土结构技术规程》JGJ 1—2014 的规定，夹持端的材料强度和尺寸应能保证试验中夹持端不发生破坏。

④ 混凝土板强度宜取 30~40MPa，也可按实际工程选取。

⑤ 同组进行 5 个平行试验，试验模型的详细尺寸见表 3.3-3 和如图 3.3-12 所示。

表 3.3-3　FRP 拉拔试件尺寸

符号	尺寸	要求
a	夹持端长度	棒状连接件取 100mm，片状连接件取 150mm，且均不应小于连接件横截面长度与 40mm 之和
b	夹持端宽度	取 100mm，且不应小于棒状连接件和片状连接件横截面宽度与 40mm 之和
h	夹持端高度	取 100mm，且不应小于连接件在夹持端中的锚固长度与 20mm 之和
l	连接件在内叶墙或外叶墙中的锚固长度	按连接件规格选取

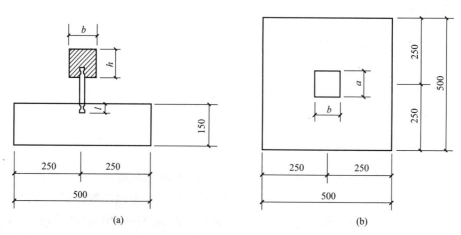

图 3.3-12　FRP 连接件抗拉承载力试件尺寸

(a) 立面图；(b) 平面图

2) 试验应加载至破坏，试验装置如图 3.3-13 所示，加载时还应满足以下要求：

① 试验加载时，对试件沿轴向连续、均匀加载，加载速率控制在 1~3kN/min。

② 夹具由钢框架和钢棒焊接而成。钢框架应能容纳试件夹持端，其下方孔洞应能使连接件穿过。

3) 抗拉承载力标准值计算。对于夹心保温墙板连接件，单个连接件抗拉承载力标准值 R_{tk} 计算方法如下：

$$R_{tk} \geqslant [R_t] \qquad (3.3-19)$$

式中　R_{tk}——试验得到的极限抗拉承载力标准值（kN）；

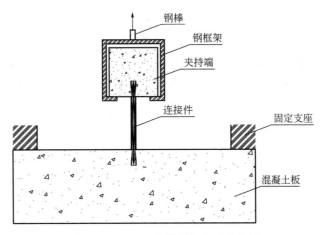

图 3.3-13　FRP 连接件抗拉试验装置

$[R_t]$——产品标准或生产厂家给定的极限抗拉承载力标准值（kN）。

连接件抗拉承载力标准值 R_{tk} 按式（3.3-20）计算：

$$R_{tk} = \overline{R}_t(1 - 3.4V) \tag{3.3-20}$$

式中　R_{tk}——连接件抗拉承载力标准值；

$\overline{R}_t$——连接件抗拉承载力试验值的算术平均值；

V——连接件抗拉承载力变异系数，为连接件抗拉承载力试验值标准偏差与算术平均值之比。

如果试验中抗拉承载力试验值的变异系数 V 大于 20%，确定连接件抗拉承载力标准值时，应乘以一个附加系数 α，按式（3.3-21）计算，其中 V 取连接件抗拉承载力变异系数。

$$\alpha = \frac{1}{1 + [V(\%) - 20] \times 0.03} \tag{3.3-21}$$

4）FRP 连接件的抗拉承载力标准值应由下列破坏形式中的最小值确定，并应具有 95% 的保证率。

① 单个 FRP 连接件拔出破坏。

② 单个 FRP 连接件材料破坏。

（2）FRP 连接件抗剪承载力标准值

1）FRP 连接件抗剪承载力标准值型式检验应符合下列条件：

① 平行试件由三块混凝土板和两个空腔组成，中间空腔的厚度应与保温层厚度相同。

② FRP 连接件应沿着弱轴方向水平布置，连接件间距为 500mm，每个试件预埋 8 个 FRP 连接件，连接件锚固深度应满足设计要求。

③ 混凝土立方体抗压强度宜取 30~40MPa，也可按实际工程选取。

④ 同组进行 5 个平行试验，试件制作应满足 FRP 连接件相关构造要求，试件的详细尺寸可详见表 3.3-4 和如图 3.3-14 所示。

表 3.3-4　FRP 连接件受剪试件尺寸

符号	尺寸	要求
t_1	两侧混凝土板厚度	一般取 60mm，也可按实际工程选取

符号	尺寸	要求
t_2	保温层厚度	按连接件规格选取
t_3	夹持端高度	一般取120mm或两侧混凝土板厚度的2倍
d	连接件抗剪试件高度	按照连接件规格选取

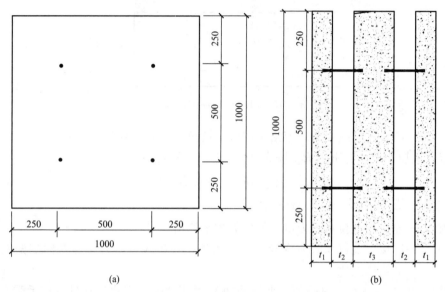

(a)   (b)

图 3.3-14　FRP 连接件抗剪承载力试件尺寸（单位：mm）

(a) 平面图；(b) 立面图

2）试验装置及安装要求。如图 3.3-15 所示，试验装置包括千斤顶 1、千斤顶 2、分配梁等装置，试验过程中应均匀、稳定地对试件进行加载。

3）加载步骤

① 为避免中间混凝土墙板在自重作用下产生滑移，应提前在该层混凝土板底部（中部）提前放置千斤顶 1，如图 3.3-15 所示。调整千斤顶 1 的高度，使其与两侧固定支座高度相同。

② 将试件放置在支座上，中间混凝土墙板中心置于千斤顶 1 上，并在其上方架设千斤顶 2（加载用）和百分表。

③ 试验加载时，首先对中间混凝土墙板底部的千斤顶 1 进行匀速卸载，卸载速度控制在 1～15kN/min 的范围内。

④ 卸载后，使用上方千斤顶 2 对试件施加连续、匀速的荷载，加载速度控制在 1～15kN/min 的范围内，直至设计荷载，并持荷 2min。

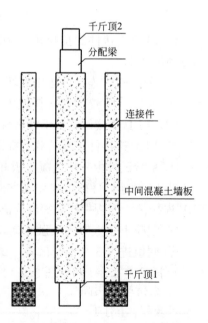

图 3.3-15　FRP 连接件剪切试验加载示意图

⑤ 观察加载过程中 FRP 连接件四周混凝土是否有裂缝或者剥落情况，记录拉拔仪示值是否稳定。

4）对于夹心保温墙板连接件，其抗剪承载力检测结果按照如下方法计算：

① 如试件破坏时，两侧混凝土板与中部混凝土板间相对滑移不大于 10mm，试件极限荷载取破坏荷载；如试件破坏时，两侧混凝土板与中部混凝土板间相对滑移大于 10mm，则试件极限荷载取滑移达到 10mm 前的最大荷载。单个连接件抗剪承载力取试件极限荷载与连接件数量的比值。

② 连接件抗剪承载力标准值 R_{vk} 按式（3.3-22）计算：

$$R_{vk} = \overline{R}_v(1 - 3.4V) \tag{3.3-22}$$

式中　R_{vk}——连接件抗剪承载力标准值；

　　　$\overline{R}_v$——连接件抗剪承载力试验值的算术平均值；

　　　V——变异系数，为连接件抗剪承载力试验值的标准偏差与算术平均值之比。

③ 如果试验中抗剪承载力试验值的变异系数 V 大于 20%，确定连接件抗剪承载力标准值时应乘以一个附加系数 α，α 按式（3.3-21）计算，其中 V 取连接件抗剪承载力变异系数。

5）FRP 连接件的抗剪承载力标准值应由下列破坏形式中的最小值确定，并应具有 95% 的保证率。

① 单个 FRP 连接件拔出破坏。

② 单个 FRP 连接件材料剪切破坏。

（3）FRP 连接件拉剪承载力理论计算

连接件在使用过程中，会承受类似风荷载和自重荷载共同作用的复合工况，即使用过程中同时承受剪切荷载和拉拔荷载，在这种情况下，承受的允许荷载的剪切力和拉力合力可由式（3.3-23）决定：

$$(P_s/P_t) + (V_s/V_t) \leqslant 1 \tag{3.3-23}$$

式中　P_s——连接件所受拉力大小（N）；

　　　P_t——抗拉承载力设计值（N）；

　　　V_s—— 连接件所受剪力大小（N）；

　　　V_t——抗剪承载力设计值（N）。

2. 桁架式不锈钢连接件承载力标准值确定

（1）桁架式不锈钢连接件抗拉承载力标准值确定

桁架式不锈钢连接件抗拉承载力型式检验应符合如下规定：

1）型式检验中拉拔性能试验应符合以下规定：

① 对于桁架式不锈钢连接件抗拉拔试件，每个试件采用一个桁架节间。

② 连接件在夹持端和混凝土板中的锚固深度应满足设计要求。

③ 夹持端采用高强灌浆料浇筑而成，灌浆料应符合现行行业标准《装配式混凝土结构技术规程》JGJ 1—2014 的规定，夹持端的材料强度和尺寸应能保证试验中夹持端不发生破坏。

④ 混凝土板强度宜取 30～40MPa，也可按实际工程选取。

⑤ 同组进行 5 个平行试验，试验模型的详细尺寸如图 3.3-16 所示和见表 3.3-5。

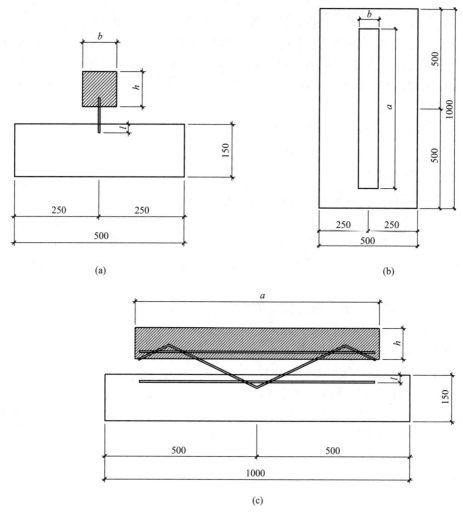

(a)

(b)

(c)

图 3.3-16　桁架式不锈钢连接件抗拉承载力试件尺寸（单位：mm）

（a）正视图；（b）俯视图；（c）侧视图

表 3.3-5　桁架式不锈钢连接件抗拉承载力试件尺寸

符号	尺寸	要求
a	夹持端长度	桁架式不锈钢连接件取 800mm，且不应小于一个桁架节间长度与 200mm 之和
b	夹持端宽度	取 100mm
h	夹持端高度	取 100mm，且不应小于连接件在夹持端中的锚固长度与 20mm 之和
l	连接件在内叶墙或外叶墙中的锚固长度	按连接件规格选取

2）试验应加载至破坏，试验装置如图 3.3-17 所示。加载时还应满足以下要求：

① 试验加载时，对试件沿轴向连续、均匀加载，加载速率控制在 1～3kN/min。

② 夹具由钢框架和钢棒焊接而成。钢框架应能容纳试件夹持端，其下方孔洞应能使连接件穿过。

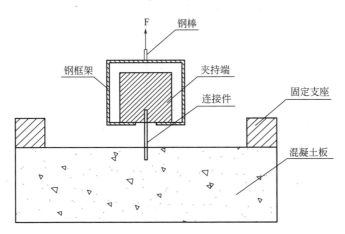

图 3.3-17　桁架式不锈钢连接件抗拉试验装置

3）抗拉承载力标准值计算。

桁架不锈钢连接件抗拉承载力标准值 R_{tk} 按下式计算：

$$R_{tk} = \overline{R}_t(1 - 3.4V) \tag{3.3-24}$$

公式说明和参数计算详见式（3.3-20）和式（3.3-21）。

4）桁架式不锈钢连接件的抗拉承载力标准值应由下列破坏形式中的最小值确定，并应具有 95% 的保证率。

① 桁架式不锈钢连接件腹杆与弦杆焊点破坏。

② 桁架式不锈钢连接件腹杆钢材受拉破坏。

③ 混凝土拉崩破坏。

④ 桁架式不锈钢连接件弦杆钢材破坏。

（2）桁架式不锈钢连接件抗剪承载力标准值确定

桁架式不锈钢连接件抗剪承载力型式检验应符合如下规定：

1）型式检验中抗剪性能试验应符合以下规定：

① 对于桁架式不锈钢连接件抗剪试件，每个试件采用四个连接件，每个连接件包含两个桁架节间。

② 连接件在混凝土板中的锚固长度按连接件规格确定。

③ 混凝土立方体抗压强度宜取 30～40MPa，也可按实际工程选取。

④ 同组进行 5 个平行试验，试验模型的详细尺寸如图 3.3-18 所示和见表 3.3-6 的要求。

表 3.3-6　桁架式不锈钢连接件抗剪试验尺寸

符号	尺寸	要求
t_1	两侧混凝土板厚度	一般取 60mm，也可按实际工程选取
t_2	保温层厚度	按连接件规格选取

符号	尺寸	要求
t_3	夹持端高度	一般取120mm或两侧混凝土板厚度的2倍
d	桁架式不锈钢连接件抗剪试件高度	按照连接件规格选取,不应小于两个桁架节间长度

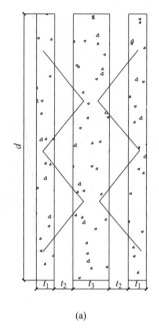 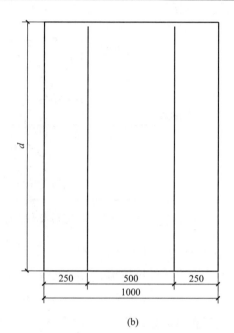

(a) (b)

图 3.3-18 桁架式不锈钢连接件抗剪试件尺寸(单位:mm)

(a) 正视图;(b) 俯视图

2)试验应加载直至破坏,试验装置如图 3.3-19 所示。加载时还应满足以下要求:试验加载时,对试件施加连续、均匀的荷载,加载速率控制在 1~15kN/min 的范围内,直至试件破坏。

3)抗剪承载力标准值计算。对于夹心保温墙板连接件,其抗剪承载力检测结果按照如下方法计算:

① 如试件破坏时两侧混凝土板与中部混凝土板间的相对滑移不大于 10mm,试件极限荷载取破坏荷载;如试件破坏时两侧混凝土板与中部混凝土板间的相对滑移大于 10mm,则试件极限荷载取滑移达到 10mm 前的最大荷载。单个连接件抗剪承载力取试件极限荷载与连接件数量的比值。

② 连接件抗剪承载力标准值 R_{vk} 按下式计算:

$$R_{vk} = \overline{R}_v (1 - 3.4V) \qquad (3.3-25)$$

公式说明和参数计算详见式(3.3-22)。

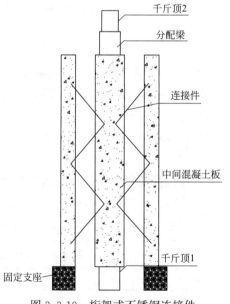

图 3.3-19 桁架式不锈钢连接件抗剪试验装置

4）桁架式不锈钢连接件的抗剪承载力标准值应由下列破坏形式中的最小值确定，并应具有 95％的保证率。

① 桁架式不锈钢连接件腹杆剪切破坏。

② 桁架式不锈钢连接件腹杆受弯破坏。

③ 桁架式不锈钢连接件腹杆与弦杆焊点破坏。

3. 不锈钢板式连接件承载力标准值确定

（1）不锈钢板式连接件抗拉承载力标准值确定

不锈钢板式连接件抗拉承载力型式检验应符合如下规定：

1）型式检验中拉拔性能试验应符合以下规定：

① 对于不锈钢板式连接件抗拉拔试件，每个试件中包括一个板式连接件。

② 连接件单侧锚固于混凝土板中，在混凝土板中的锚固深度应满足设计要求。

③ 混凝土板尺寸为 600mm×600mm×70mm；混凝土强度宜取 30～40MPa，也可按实际工程选取。

④ 混凝土板的厚度应满足加载要求，加载过程中不应发生变形。

⑤ 不锈钢板式连接件应按照要求设置附加钢筋，附加钢筋长度为 400mm，直径 6mm，钢筋强度等级为 HPB300。

⑥ 同组进行 5 个平行试验，不锈钢板式连接件抗拉承载力试件尺寸如图 3.3-20 所示。

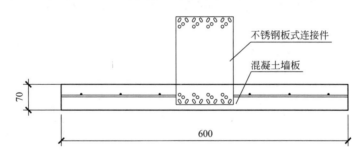

图 3.3-20　不锈钢板式连接件抗拉承载力试件尺寸（单位：mm）

2）试验应加载直至破坏，试验装置如图 3.3-21 所示。加载时还应满足以下要求：

① 试验加载时，对试件沿轴向连续、均匀加载，加载速率控制在 1～3kN/min。

② 连接件夹持端夹具应具有良好的夹持效果，连接件夹持长度为 $L/3$ 且不小于 50mm，L 为连接件的宽度。

3）抗拉承载力标准值计算。

连接件抗拉承载力标准值 R_{tk} 按下式计算：

$$R_{tk} = \overline{R}_t (1 - 3.4V) \tag{3.3-26}$$

公式说明和参数计算详见式（3.3-20）和式（3.3-21）。

4）不锈钢板式连接件的抗拉承载力标准值应由下列破坏形式中的最小值确定，并应具有 95％的保证率。

① 连接件钢材抗压破坏。

② 混凝土锥体破坏。

③ 混凝土劈裂破坏。

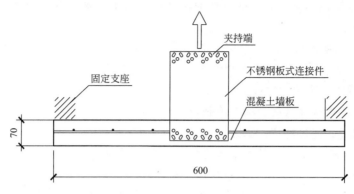

图 3.3-21　不锈钢板式连接件抗拉试验装置（单位：mm）

④ 混凝土拔出破坏。

⑤ 附加钢筋破坏。

（2）不锈钢板式连接件抗剪承载力标准值确定

1）不锈钢板式连接件抗剪承载力型式检验应符合如下规定：

① 对于不锈钢板式连接件抗剪切试件，每个试件中包括两个板式连接件。

② 连接件在混凝土板中的锚固深度应满足设计要求。

③ 混凝土立方体抗压强度宜取 30～40MPa，也可按实际工程选取。

④ 混凝土板的厚度应满足加载要求，加载过程中不应发生变形。

⑤ 同组进行 5 个平行试验，试验模型的详细尺寸如图 3.3-22 所示，图中 D 为保温层厚度。

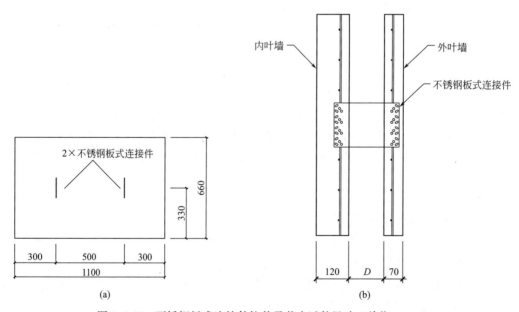

图 3.3-22　不锈钢板式连接件抗剪承载力试件尺寸（单位：mm）

（a）俯视图；（b）正视图

2）试验应加载直至破坏，试验装置如图 3.3-23 所示。加载时还应满足以下要求：试验加载时，对试件沿轴向连续、均匀加载，加载速率控制在 1～3kN/min。

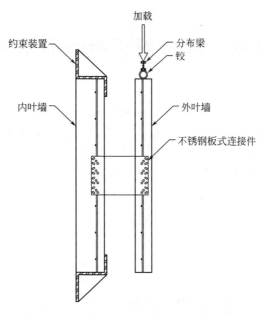

图 3.3-23 不锈钢板式连接件抗剪试验装置

3）抗剪承载力标准值计算。

连接件抗剪承载力标准值 R_{vk} 按下式计算：

$$R_{vk} = \overline{R}_v (1 - 3.4V) \qquad (3.3-27)$$

公式说明和参数计算详见式（3.3-22）。

4）不锈钢板式连接件的抗剪承载力标准值应由下列破坏形式中的最小值确定，并应具有 95％的保证率。

① 连接件钢材抗剪破坏。

② 连接件钢材受弯破坏。

③ 混凝土的剪切破坏。

第4章 建筑配件检验通用要求

建筑配件的检验分为进厂检验、出厂检验和进场检验三个环节，进厂检验主要是针对配件本身的外观质量、尺寸及材料性能进行检验；出厂检验和进场检验主要是针对预埋在混凝土构件中的配件类别、数量、型号进行核查，对配件施工尺寸偏差、外观和力学性能进行检验。本章主要介绍建筑配件进厂检验、出厂检验和进场检验三个环节的通用检验要求。

4.1 抽样原则

4.1.1 进厂检验

建筑配件进厂检验一般由预制构件厂完成。

（1）建筑配件进厂时，应采用观察法对其外观质量进行全数检查。

（2）建筑配件的尺寸偏差检验方法及具体要求应符合第5章5.2节规定，配件尺寸检验按进厂批次和产品的抽样检验方案确定。

（3）当金属吊装预埋件进行质量现场非破损检验抽样时，应以同品种、同规格、同强度等级的吊装预埋件安装于连接部位基本相同的同类构件为一检验批，并应从每一检验批所含的吊装预埋件中进行抽样，金属吊装预埋件非破损检验抽样比例应符合表4.1-1的规定。进行极限承载能力检验时，每一检验批应取3件进行检验。

表 4.1-1　金属吊装预埋件非破损检验抽样比例表

检验批金属吊装预埋件总数(件)	≤100	500	1000	2500	≥5000
按检验批金属吊装预埋件数计算的最小抽样量(件)	5	10	15	20	25

注：当金属预埋吊装件的总量介于两栏数量之间时，可按线性内插法确定抽样数量。

夹心保温墙板连接件进行承载能力检验时，应根据进厂批次，抽取每一检验批连接件总数的0.1%且不少于5件进行受拉检验。对同一厂家的同规格产品，连续三次检验均合格时，后续检验时，可取每一检验批连接件总数的0.05%且不少于5件进行检验。

4.1.2 出厂检验

建筑配件出厂检验一般由构件厂完成。

预制构件制作完成出厂时，在同一检验批内，对配件的外观质量应进行全数检查。进行配件尺寸偏差质量检验时，抽样的最小样本容量是：对同一工作班生产的同类型标准构件，抽查5%且不少于3件；对非标准构件，应抽查10%且不少于3件；对零星生产的构件，应全部检查。对于施工完成后不可见的建筑配件，当对设计参数有疑问或者对锚固质量有怀疑时，可采用图纸并结合钻芯法钻取芯样进行尺寸偏差的检验，应取每一检验批锚固件总数的 0.1％且不少于 5 件进行检验。

对于金属吊装预埋件、临时支撑预埋件，应按照第 5.3 节的规定进行抗拉承载能力的非破坏性检验，抽样数量按照表 4.1-1 执行。

对于金属吊装预埋件、临时支撑预埋件，当对其锚固质量或者设计参数有疑问时，力学性能检验的每个检验批可制作 5 个平行试件，按照第 6.5 节进行力学性能平行试验。

4.1.3 进场检验

建筑配件的进场检验一般由建设单位完成。

预制构件进场时，同一检验批内，对于金属吊装预埋件、临时支撑预埋件，应对其外观质量进行检验，检验数量为全数检查。对于施工完成后不可见的建筑配件，当对设计参数有疑问或者对锚固质量有怀疑时，可采用图纸并结合钻芯法钻取芯样进行尺寸偏差的检验，应取每一检验批锚固件总数的 0.1％且不少于 3 件进行检验。

预制构件进场时，应对预制构件中预埋件尺寸偏差进行检验，同一类型的构件，不超过 100 个为一批，每批应抽查构件数量的 5％且不少于 3 个进行检验。对于施工完成后不可见的建筑配件，当对设计参数有疑问或者对锚固质量有怀疑时，可采用图纸并结合钻芯法钻取芯样并进行尺寸偏差的检验，应取每一检验批锚固件总数的 0.1％且不少于 5 件进行检验。

对于金属吊装预埋件、临时支撑预埋件，其力学性能检验的抽样最小样本容量可参考表 4.1-1 进行。对于施工完成后不可见的建筑配件，当对设计参数有疑问或者对锚固质量有怀疑时，可采用钻芯法钻取芯样进行力学性能检验，应取每一检验批锚固件总数的 0.1％且不少于 5 件进行检验。

4.2 检验参数

4.2.1 进厂检验

进厂检验包括以下内容：
（1）文件资料检查。
（2）建筑配件类别和规格检查。
（3）建筑配件外观质量检验。
（4）建筑配件尺寸与偏差检验。
（5）建筑配件材料性能检验等。

4.2.2 出厂检验

出厂检验包括以下内容：
（1）文件资料检查。
（2）建筑配件类别、数量和规格检验。
（3）建筑配件外观质量检验。
（4）建筑配件安装尺寸及偏差检验。

（5）建筑配件力学性能检验等。

4.2.3 进场检验

进场检验包括以下内容：
（1）文件资料检查。
（2）建筑配件类别、数量和规格检验。
（3）建筑配件外观质量检验。
（4）建筑配件安装尺寸及偏差检验。
（5）建筑配件力学性能检验等。

4.3 检验仪器设备

4.3.1 检验所需仪器设备

（1）直尺、卷尺、游标卡尺等仪器，用于检验建筑配件的尺寸及偏差。
（2）直尺、卷尺、游标卡尺，用于检验建筑配件的安装尺寸及偏差。
（3）压力机、拉拔仪、百分表及专用设备（采用定制方法，其技术参数详见第 5～7 章）等，用于检验建筑配件的材料性能及预埋后的力学性能。

4.3.2 仪器设备要求

（1）加载设备要求

现场检测用的加载设备，可采用专门的拉拔仪，拉拔仪的具体参数应符合下列规定：

1）拉拔仪的加载能力应比预先计算的预埋件极限荷载值至少大 20%，且不大于极限荷载的 2.5 倍，拉拔仪能连续、平稳、速度可控地进行逐级加载。

2）拉拔仪应能够按照规定的速度加载，测定系统整机允许偏差为全量程的 ±2%。

3）拉拔仪的液压加荷系统持荷时间不超过 5min 时，其降荷值不应大于 5%。

4）拉拔仪应能保证所施加的拉拔荷载始终与预埋件的轴线保持一致。

5）拉拔仪加载支座内径 D_0 应符合以下要求：预埋件发生混凝土锥体破坏时，D_0 不应小于 $4h_{ef}$（h_{ef} 为预埋件的有效埋深）。

（2）位移测量装置要求

1）测试仪表的量程不应小于 50mm；其测量的允许偏差应为 ±0.02mm。

2）位移测量装置应能与拉拔仪同步工作，能连续记录且测出预埋件相对于混凝土表面的相对位移，并绘制荷载-位移的全程曲线。

（3）建筑配件检测可采用相应的专用设备，专用设备应满足规范中对于建筑配件加载方法和精度的要求。附录 E 给出了夹心保温墙板连接件抗剪承载力检测可采用的专用设备。

（4）现场检验用的仪器设备应定期由法定计量检定机构进行检定。

4.4　检验流程

4.4.1　进厂检验

建筑配件的进厂检验仅针对配件本身，其流程相对简单，建筑配件进厂检验可按图 4.4-1 流程进行，配件质量检验的合格判定标准详见第 4.5 节。

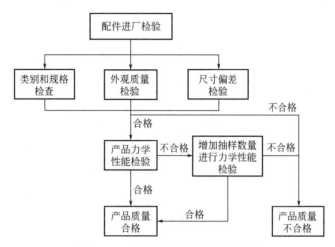

图 4.4-1　建筑配件进厂检验流程图

4.4.2　出厂检验

建筑配件出厂时，吊装、临时支撑、夹心保温墙板内外叶之间的连接件等预埋件均已预埋在混凝土构件中，部分预埋件在构件中属于隐蔽不可见配件，其质量检验存在一定的困难，尤其是力学性能的检验。在构件出厂时，对于不可见的配件，应按比例抽取一定的数量制作平行构件，进行力学性能平行试验。配件的出厂检验可按图 4.4-2 流程进行，配件质量检验的合格判定标准详见第 4.5 节。

4.4.3　进场检验

建筑配件进场时，各配件均已预埋在混凝土构件中，部分配件预埋在构件中属于隐蔽不可见配件，其质量检验与配件出厂检验类似，但进场检验无法做平行试验。构件进场时，对于不可见的预埋件，可采取钻芯法钻取一定量的芯样后进行配件类别、规格、安装尺寸、偏差及力学性能等相关检验。配件的进场检验可按图 4.4-3 流程进行，配件质量检验的合格判定标准详见第 4.5 节。

4.4.4　施工质量验收

建筑施工完成后，配件的质量验收工作应与主体结构的验收同步进行。装配式混凝土结构工程质量验收时，除应按照现行国家标准《混凝土结构工程施工质量验收规范》GB 50204 的要求提供文件和记录外，尚应提供下列文件和记录：

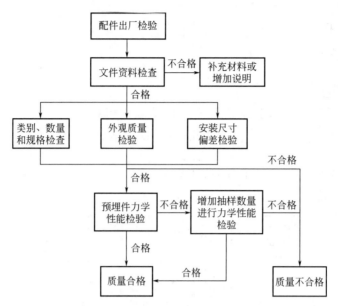

图 4.4-2　建筑配件出厂检验流程图

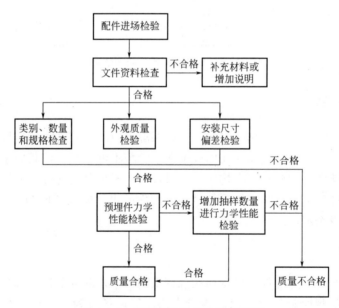

图 4.4-3　建筑配件进场检验流程图

（1）设计图纸及相关文件。

（2）预埋件的质量证明书、出厂合格证、产品说明书及检测报告或认证报告等。

（3）预埋件施工记录及相关检查结果文件。

（4）进场复试报告等。

（5）承载力现场检验报告。

（6）预埋件分项工程质量验收记录。

（7）工程重大问题处理记录。

（8）其他有关文件记录。

预埋件施工质量不合格时，应由施工单位采取补救措施，并经设计单位确认后实施，预埋件施工质量应重新检查、验收 。

4.5　检验方法及合格判定标准

4.5.1　文件资料检查

（1）建筑配件进厂检验时，文件资料检查主要包括检查产品的质量证明、出厂合格证、产品说明书、检测报告或认证报告等。

合格判定标准：相关资料齐全，可进行后续检验；相关资料不齐全，应要求配件产品生产厂家补齐相关资料，相关资料齐全后方可进行后续检验。

（2）建筑配件出厂检验、进场检验及验收时的文件资料检查主要包括下列内容：

1）设计图纸及相关文件。

2）建筑配件的质量证明、出厂合格证、产品说明书、检测报告或认证报告等。

3）建筑配件施工记录以及相关检查结果文件。

4）不可见的建筑配件应有预制构件厂家提供的生产过程质量控制文件等。

合格判定标准：相关资料齐全、无不合格记录且符合设计要求的，可进行后续检验；相关资料不齐全或存在不合格记录、不符合设计要求的，应补齐资料或查找不合格原因，建筑配件符合设计图纸及相关文件要求后可进行后续检验。

4.5.2　建筑配件类别、数量、规格检查

（1）建筑配件进厂检验时，可采用观察法对配件进行类别和规格检查，配件的类别与规格应与设计要求一致。

（2）建筑配件出厂检验和进场检验时，可采用观察法和测量法对配件进行类别、数量和规格检查，配件的类别、规格和数量应符合设计要求；对于施工后不可见的配件，其类别、规格和数量可采用钻芯法结合设计图纸确定。

合格判定标准：配件类别和规格不符合设计要求的，判定为该批配件质量不合格。

4.5.3　建筑配件外观质量检验

建筑配件进厂检验、出厂检验和进场检验时，应检验配件外观质量及损伤情况，具体检验参数及检验方法详见本书第5.1节、6.2节和7.2节。

合格判定标准：合格点率应达到80%及以上，且配件不得有严重缺陷，则可判定该批配件质量合格；否则可判定该批配件质量不合格。

4.5.4　建筑配件尺寸与偏差检验

（1）建筑配件进厂检验时，其产品本身的尺寸与偏差可采用直尺、卷尺、游标卡尺等仪器检验，不同配件的尺寸偏差允许值详见第5.2节的相关规定。

合格判定标准：合格点率应达到80%及以上，不合格点的偏差不得超过允许偏差的

1.5 倍，则判定为该批配件质量合格；否则可判定该批配件质量不合格。

（2）建筑配件出厂检验和进场检验时，配件的安装尺寸与偏差可采用直尺、卷尺、游标卡尺等仪器检验，不同配件的安装尺寸与偏差允许值详见第 6.4 节的相关规定。对于施工后不可见的建筑配件，当对工程质量有严重质疑或者对设计参数有疑问时，可采用设计图纸配合钻芯法进行检验。

合格判定标准：合格点率应达到 80% 及以上，不合格点的偏差不得超过允许偏差的 1.5 倍，则判定为该批配件质量合格；否则可判定该批配件质量不合格。

4.5.5 建筑配件力学性能检验

（1）建筑配件进厂检验时，由于不同厂家生产的金属吊装预埋件、临时支撑预埋件、夹心保温墙板连接件等配件的承载能力和构造措施均不同，且部分建筑配件在构件吊装、安装过程中承受一定的动力荷载，所以，在配件进厂检验时，应对建筑配件力学性能进行检验。对于不方便进行加载测试的建筑配件，可制作相应的夹具或者将配件锚入混凝土进行力学性能检验。进厂检验一般为破损检验，破损检验应加载至配件破坏，并记录最大破坏荷载和破坏方式。

合格判定标准：建筑配件的力学性能等应全部满足产品说明书要求。

（2）建筑配件出厂检验时，需对配件进行抗剪和抗拉承载力检验。对于金属吊装预埋件、临时支撑预埋件等非隐蔽构件，可直接按表 4.1-1 的抽样原则抽样后对配件进行力学性能检验，具体检验方法详见第 6.5.1～6.5.3 节；对于夹心保温墙板连接件等隐蔽配件，应制作平行试件进行检验，具体检验方法详见第 6.5.4～6.5.13 节。

合格判定标准：建筑配件的力学性能等应全部满足设计要求。

（3）建筑配件进场检验时，对于金属吊装预埋件、临时支撑预埋件等非隐蔽构件，可直接按表 4.1-1 的抽样原则抽样后对配件进行力学性能非破坏性检验，具体检验方法详见第 6.5.1～6.5.3 节；对于连接件等隐蔽配件，应按第 4.1.3 节抽样后，采用钻芯法钻取芯样进行力学性能检验，具体检验方法详见第 7.5 节。

合格判定标准：建筑配件的力学性能等应全部满足设计要求。

第5章 建筑配件进厂检验

建筑配件进入构件厂时，由构件厂对配件的文件资料、外观质量、尺寸与偏差、力学性能等进行检验。本章重点介绍金属吊装预埋件、临时支撑配件及夹心保温墙板连接件的进厂检验方法、检验内容及合格判定标准。

5.1 外观检查

5.1.1 金属吊装预埋件

吊装配件进厂时，应对其外观质量进行全数检查。金属吊装预埋件检测项目和检测方法详见表 5.1-1～表 5.1-3。

表 5.1-1 双头吊钉外观质量检测方法

序号	项目	检测方法
1	表面处理	目测
2	光洁度	目测
3	结疤	目测
4	麻面	目测
5	裂纹	目测
6	夹渣	目测

合格判定标准：单个双头吊钉表面应无结疤、麻面、裂纹、夹渣等外观缺陷。如有镀锌，镀锌应均匀、完整。如存在 1 项或多项不符合要求，可判定该吊装配件质量不合格。

表 5.1-2 内螺纹提升板件外观质量检测方法

序号	项目	检验方法
1	表面处理	目测
2	光洁度	目测
3	划痕	目测
4	气泡	目测
5	裂纹	目测和裂缝测试仪测量
6	夹渣	目测

续表

序号	项目	检验方法
7	焊瘤	目测
8	未焊透	目测
9	未熔合	目测
10	咬边	目测
11	碰伤	目测
12	拉毛	目测
13	螺纹变形	目测
14	配合松动	目测

判定标准：单个内螺纹提升板件表面应无划痕、气泡等外观缺陷。如有镀锌，镀锌应均匀、完整。焊缝应符合《钢结构焊接规范》GB 50661—2011 的要求。内螺纹提升板件表面应无肉眼可见缺陷，无碰伤、拉毛、螺纹变形、裂纹和配合松动等缺陷。如存在 1 项或多项不符合要求，可判定该吊装配件质量不合格。

表 5.1-3　压扁束口带横销套筒外观质量检测方法

序号	项目	检验方法
1	表面处理	目测
2	光洁度	目测
3	划痕	目测
4	气泡	目测
5	裂纹	目测和用游标卡尺测量
6	夹渣	目测
7	焊瘤	目测
8	未焊透	目测
9	未熔合	目测
10	咬边	目测
11	碰伤	目测
12	拉毛	目测
13	螺纹变形	目测
14	配合松动	目测

合格判定标准：压扁束口带横销套筒表面应无肉眼可见缺陷，无碰伤、拉毛、螺纹变形、裂纹和配合松动等缺陷。如存在 1 项或多项不符合要求，可判定该吊装配件质量不合格。

5.1.2　临时支撑预埋件

预制构件中常用的临时支撑预埋件主要为内螺纹提升板件及压扁束口带横销套筒两种，其外观质量检测内容、检测方法及合格判定标准详见本节第 5.1.1 节。

5.1.3　夹心保温墙板连接件

夹心保温墙板连接件进厂检验时，应对其外观质量进行全数检查。夹心保温墙板连接件检测项目和检测方法详见表 5.1-4～表 5.1-6。

表 5.1-4　FRP 连接件外观质量检测方法

序号	项目	检测方法
1	气泡	目测
2	刮伤	目测
3	针孔	目测
4	裂纹	目测

合格判定标准：单个 FRP 连接件表面应色泽均匀，不应有气泡、裂纹、针孔、刮伤等缺陷。如存在 1 项或多项不符合要求，可判定该连接件质量不合格。

表 5.1-5　桁架式不锈钢连接件外观质量检测方法

序号	项目	检验方法
1	表面处理	目测
2	光洁度	目测
3	划痕	目测
4	气泡	目测
5	裂纹	目测和裂缝测试仪测量
6	夹渣	目测
7	焊瘤	目测
8	未焊透	目测
9	未熔合	目测
10	咬边	目测
11	碰伤	目测
12	拉毛	目测

合格判定标准：桁架式不锈钢连接件表面应无划痕、气泡等外观缺陷。如有镀锌，镀锌应均匀、完整。焊缝应符合《钢结构焊接规范》GB 50661—2011 的要求。桁架式不锈钢连接件表面应无肉眼可见缺陷，无碰伤、拉毛、裂纹等缺陷。如存在 1 项或多项不符合要求，可判定该连接件质量不合格。

表 5.1-6　不锈钢板式连接件外观质量检测方法

序号	项目	检验方法
1	表面处理	目测

续表

序号	项目	检验方法
2	光洁度	目测
3	划痕	目测
4	气泡	目测
5	裂纹	目测和裂缝测试仪测量
6	夹渣	目测
7	焊瘤	目测
8	未焊透	目测
9	未熔合	目测
10	咬边	目测
11	碰伤	目测
12	拉毛	目测

合格判定标准：不锈钢板式连接件表面应无划痕、气泡等外观缺陷。如有镀锌，镀锌应均匀、完整。焊缝应符合《钢结构焊接规范》GB 50661—2011 的要求。不锈钢板式连接件表面应无肉眼可见缺陷，无碰伤、拉毛、裂纹等缺陷。如存在 1 项或多项不符合要求，可判定该连接件件质量不合格。

5.2 尺寸与偏差

对于不同的建筑配件，尺寸检验所用的仪器设备、检验方法及偏差要求均不同，在检验时，应分别进行检验。

5.2.1 金属吊装预埋件

1. 双头吊钉的尺寸检验方法及允许偏差

双头吊钉尺寸示意图如图 5.2-1 所示。检验通常采用游标卡尺，具体检验方法详见表 5.2-1。双头吊钉的尺寸允许偏差应符合表 5.2-2 的规定。

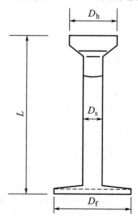

图 5.2-1 双头吊钉尺寸示意图

D_h—顶头直径（连接端）；D_s—杆直径；D_f—底头直径（锚固端）；L—吊钉高度

表 5.2-1　双头吊钉检验项目及检验方法　　　　　　　　　　　　单位：mm

序号	项目	检测方法
1	吊钉高度(L)	用量程不低于吊件高度的量具沿高度方向测量，取其偏差绝对值较大值，精确到 0.1mm
2	顶头直径(D_h)	用精度不低于 0.1mm 的游标卡尺沿顶头直径方向测量，取其偏差绝对值较大值，精确到 0.1mm
3	杆直径(D_s)	用精度不低于 0.1mm 的游标卡尺沿杆直径方向测量，取其偏差绝对值较大值，精确到 0.1mm
4	底头直径(D_f)	用精度不低于 0.1mm 的游标卡尺沿底头直径方向测量，取其偏差绝对值较大值，精确到 0.1mm

表 5.2-2　双头吊钉尺寸允许偏差　　　　　　　　　　　　　　　单位：mm

序号	项目	允许偏差
1	吊钉高度(L)	±1.0
2	顶头直径(D_h)	±1.0
3	杆直径(D_s)	+1.0
4	底头直径(D_f)	±1.0

2. 内螺纹提升板件的尺寸检验方法及允许偏差

内螺纹提升板件尺寸示意图如图 5.2-2 所示。内螺纹提升板件的尺寸检验通常采用游标卡尺，具体检验方法详见表 5.2-3。

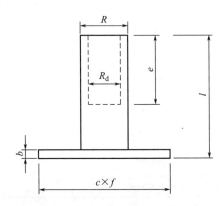

图 5.2-2　内螺纹提升板件尺寸示意图

R—螺栓外径；R_d—螺栓内螺纹名义直径；e—螺栓内螺纹长度；

l—吊件高度；c—板长；f—板宽；b—板厚

表 5.2-3　内螺纹提升板件检验项目及检验方法

序号	项目		检验方法
1	外形尺寸	整体高度(l)	用精度不低于 0.1mm 的游标卡尺沿高度方向测量螺栓上沿到平板下沿的距离,测取三个方向,取其偏差绝对值较大值
2		提升板长度(c)	用精度不低于 0.1mm 的游标卡尺沿长度方向测量提升板长度,测取前、中、后三部分,取其偏差绝对值较大值,精确到 0.1mm
3		提升板宽度(f)	用精度不低于 0.1mm 的游标卡尺沿宽度方向测量提升板宽度,测取前、中、后三部分,取其偏差绝对值较大值,精确到 0.1mm
4		提升板厚度(b)	用精度不低于 0.1mm 的游标卡尺测量提升板厚度,测取三个位置,取其偏差绝对值较大值,精确到 0.1mm
5		提升板翘曲	对角拉线测量交点间距离值的 2 倍
6		提升板与螺栓管夹角	用量角器测侧向弯曲最大处
7		中心线位置	拉线、游标卡尺检查
8		螺栓孔壁厚	用精度不低于 0.1mm 的游标卡尺沿三个方向测量孔壁厚,取其偏差绝对值较大值
9		内螺纹长度(e)	用精度不低于 0.1mm 的游标卡尺沿高度方向测量螺栓内螺纹长度,测取三个方向,取其偏差绝对值较大值

内螺纹提升板件的尺寸允许偏差应符合表 5.2-4 的规定。

表 5.2-4　内螺纹提升板件的尺寸允许偏差　　　　　　　单位：mm

序号	项目		允许偏差	
1	外形尺寸	高度	整体高度(l)	±1.0
			内螺纹长度(e)	±1.0
2		提升板长度(c)	±1.0	
3		提升板宽度(f)	±1.0	
4		提升板厚度(b)	±1.0	
5		提升板翘曲	$L/50$	
6		提升板与螺栓管夹角	±1°	
7		中心线位置	±1.0	
8		螺栓孔壁厚	±0.5	

3. 压扁束口带横销套筒的尺寸检验方法及允许偏差

图 5.2-3 为压扁束口带横销套筒尺寸示意图。压扁束口带横销套筒的尺寸检验通常采用一定精度的游标卡尺,具体检验项目及方法详见表 5.2-5。

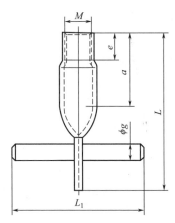

图 5.2-3　压扁束口带横销套筒尺寸示意图

M—套筒内螺纹名义直径；*g*—钢销直径；*L*₁—钢销长度；*L*—吊件高度；*α*—有效承载长度；*e*—内螺纹长度

表 5.2-5　压扁束口带横销套筒检验项目及检验方法

序号	项目		检验方法
1	外形尺寸	吊件高度(L)	用精度不低于 0.1mm 的游标卡尺沿高度方向测量套筒上沿到底部的距离,测取三个方向,取其偏差绝对值较大值
2		钢销长度(L_1)	用精度不低于 0.1mm 的游标卡尺沿长度方向测量钢销长度,测取前、中、后三个方向,取其偏差绝对值较大值,精确到 0.1mm
3		钢销直径(g)	用精度不低于 0.1mm 的游标卡尺测量钢销直径,测取三个方向,取其偏差绝对值较大值
4		内螺纹长度(e)	用精度不低于 0.1mm 的游标卡尺测量内螺纹长度,测取三个方向,取其偏差绝对值较大值
5		钢柱弯曲	对角拉线测量交点间距离值的两倍
6		钢销与螺栓管夹角	用量角器测侧向弯曲最大处
7		中心线位置	拉线、游标卡尺检查
8		螺栓孔壁厚	用精度不低于 0.1mm 的游标卡尺沿三个方向测量孔壁厚,取其偏差绝对值较大值

压扁束口带横销套筒的尺寸允许偏差应符合表 5.2-6 的规定。

表 5.2-6　压扁束口带横销套筒的尺寸允许偏差　　　　　　　单位：mm

序号	项目		允许偏差
1	外形尺寸	高度(L)	整体高度(L)　　±1.0
			内螺纹长度(e)　　±1.0
2		钢销直径(g)	±1.0
4		钢柱弯曲	±1.0
5		钢柱与螺栓管夹角	±1.0
6		中心线位置	±1.0
7		螺栓孔壁厚	±0.5

4. 提升预埋螺栓的尺寸检验方法及允许偏差

提升预埋螺栓尺寸示意图如图5.2-4所示。提升预埋螺栓的尺寸检验通常采用一定精度的游标卡尺，具体检验项目及方法详见表5.2-7。

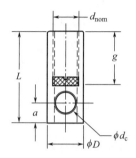

图 5.2-4　提升预埋螺栓尺寸示意图

d_{nom}—螺栓内螺纹名义直径；g—螺栓内螺纹长度；L—吊件高度；D—螺栓外径；d_c—横杆孔直径

表 5.2-7　提升预埋螺栓的检验项目及检验方法

序号	项目		检测方法
1	外形尺寸	整体高度(L)	用精度不低于0.1mm的游标卡尺沿高度方向测量螺栓上沿到螺栓下沿的距离，测取三个位置，取其偏差绝对值较大值
2		螺栓外径(D)	用精度不低于0.1mm的游标卡尺沿直径方向测量螺栓，测取三个位置，取其偏差绝对值较大值
3		螺栓内螺纹名义直径(d_{nom})	用精度不低于0.1mm的游标卡尺沿长度方向测量金属横杆，测取三个位置，取其偏差绝对值较大值
4		金属横杆直径	用精度不低于0.1mm的游标卡尺沿金属横杆直径方向测量，测取三个位置，取其偏差绝对值较大值
5		横杆孔直径(d_c)	用精度不低于0.1mm的游标卡尺沿横杆孔直径方向测量，测取三个位置，取其偏差绝对值较大值
6		螺栓孔壁厚	用精度不低于0.1mm的游标卡尺沿三个方向测量孔壁厚，取其偏差绝对值较大值

提升预埋螺栓的尺寸允许偏差应符合表5.2-8的规定。

表 5.2-8　提升预埋螺栓的尺寸允许偏差　　　　　　　　单位：mm

序号	项目		允许偏差
1	外形尺寸	高度(L)	整体高度 ±1.0
2			内螺纹长度 ±1.0
3		螺栓外径(D)	±1.0
4		金属横杆长度	±1.0
5		金属横杆直径	±1.0
6		横杆孔直径(d_c)	±1.0
7		螺栓孔壁厚	±1.0

5.2.2　临时支撑预埋件

吊装配件中常用的提升预埋螺栓的压扁束口带横销套筒以及内螺纹提升板件也可作为临时支撑配件，具体检验方法和尺寸允许偏差详见第 5.2.1 节。

5.2.3　夹心保温墙板连接件

1. FRP 连接件

FRP 连接件的外形构造如图 5.2-5 所示。FRP 连接件外形尺寸检验项目和检验方法可按表 5.2-9 的规定进行；尺寸允许偏差值可按表 5.2-10 的规定进行。

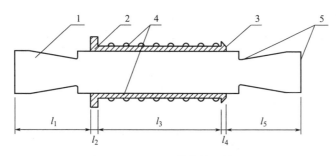

图 5.2-5　FRP 连接件外形构造图

1—FRP 连接杆；2—套环端板 1；3—套环端板 2；4—套环环身；5—切口；l_1—连接件在内叶墙的锚固长度；

l_2—套环端板 1 厚度；l_3—保温层厚度；l_4—套环端板 2 厚度；l_5—连接件在外叶墙的锚固长度

表 5.2-9　FRP 连接件检验项目及检验方法

序号	项目		检验方法
1	外形尺寸	连接件在内叶墙中的锚固长度(l_1)	用精度不低于 0.2mm 的游标卡尺沿长度方向测量连接件在内叶墙中的锚固长度,选取三个位置进行测量,取其偏差绝对值较大值
2		套环端板 1 厚度(l_2)	用精度不低于 0.2mm 的游标卡尺沿厚度方向测量套环端板 1 厚度,选取三个位置进行测量,取其偏差绝对值较大值
3		保温层厚度(l_3)	用精度不低于 0.2mm 的游标卡尺测量保温层厚度,选取三个位置测量,取其偏差绝对值较大值
4		套环端板 2 厚度(l_4)	用精度不低于 0.2mm 的游标卡尺沿厚度方向测量套环端板 2 厚度,选取三个位置进行测量,取其偏差绝对值较大值
5		连接件在外叶墙中的锚固长度(l_5)	用精度不低于 0.2mm 的游标卡尺沿长度方向测量连接件在外叶墙中的锚固长度,选取三个位置进行测量,取其偏差绝对值较大值

表 5.2-10　FRP 连接件的尺寸允许偏差　　　　　　　　　单位：mm

序号	规定尺寸 l	允许偏差
1	$l \leqslant 12$	0,+0.2
2	$12 < l \leqslant 38$	0,+0.3
3	$39 < l \leqslant 50$	0,+0.4
4	$50 < l \leqslant 100$	0,+0.6

注：表 5.2-9 中连接件检测项目允许偏差均按照表 5.2-10 规定的长度范围内的允许偏差进行检验。

2. 桁架式不锈钢连接件

桁架式不锈钢连接件的外形构造如图 5.2-6 所示。其外形尺寸检验项目及检验方法可按表 5.2-11 的规定进行，尺寸允许偏差值可按表 5.2-12 的规定进行。

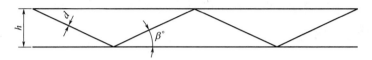

图 5.2-6　桁架式不锈钢连接件外形构造图

表 5.2-11　桁架式不锈钢连接件检验项目及检验方法

序号	项目		检验方法
1	外形尺寸	连接件高度（h）	用精度不低于 0.2mm 的游标卡尺沿高度方向测量桁架上、下弦中心的距离，选取三个位置进行测量，取其偏差绝对值较大值
2		腹杆（弦杆）直径（d）	用精度不低于 0.2mm 的游标卡尺沿厚度方向测量腹杆（弦杆）直径，选取三个位置进行测量，取其偏差绝对值较大值
3		上、下弦杆与斜腹杆之间的角度 β	用量角器测上、下弦杆与斜腹杆之间的角度，选取三个位置进行测量，取其偏差绝对值较大值

表 5.2-12　桁架式钢筋连接件的尺寸允许偏差

项次	项目	允许偏差
1	腹杆（弦杆）直径（d）	±0.3mm
2	连接件高度（h）	±3mm
3	上、下弦杆与斜腹杆之间的角度 β	±3°

注：表中 d 为钢筋直径；h 为两侧弦杆轴线距离；β 为上、下弦杆与斜腹杆之间的角度。

3. 不锈钢板式连接件

不锈钢板式连接件的外形构造如图 5.2-7 所示。其外形尺寸检验项目及检验方法可按表 5.2-13 的规定进行，尺寸允许偏差值可按表 5.2-14 的规定进行。

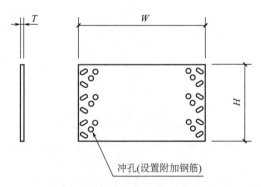

冲孔(设置附加钢筋)

图 5.2-7　不锈钢板式连接件外形构造图

表 5.2-13　不锈钢板式连接件尺寸检验项目及检验方法

序号	项目		检验方法
1	外形尺寸	名义宽度(W)	用精度不低于 0.2mm 的游标卡尺沿宽度方向测量名义宽度,测取三个位置,取其偏差绝对值较大值
2		名义高度(H)	用精度不低于 0.2mm 的游标卡尺沿高度方向测量名义高度,测取三个位置,取其偏差绝对值较大值
3		名义厚度(T)	用精度不低于 0.2mm 的游标卡尺沿厚度方向测量名义厚度,测取三个位置,取其偏差绝对值较大值

表 5.2-14　不锈钢板式连接件的尺寸允许偏差

序号	项目	允许偏差
1	名义宽度(W)	±2.0mm
2	名义高度(H)	±2.0mm
3	名义厚度(T)	±0.2mm

5.3　金属吊装预埋件和临时支撑预埋件（产品）力学性能检验

5.3.1　金属吊装预埋件（产品）力学性能检验

金属吊装预埋件（产品）力学性能检验主要是对预埋件进行拉拔试验。部分预埋件可在试验机上直接进行拉拔试验,但由于大部分金属吊装预埋件端部有放大端或插钢筋,无法在试验机上固定,所以可制作配套的夹具进行连接,以便于在试验机上进行拉拔试验。

1. 检验装置要求

吊装预埋件拉拔试验所需设备主要包括万能试验机、百分表及配套夹具。图 5.3-1 为双头吊钉配套夹具,可根据配件尺寸进行加工。万能试验机应能连续、稳定地对吊装预埋件进行加载,万能试验机量程应能满足吊钉加载要求。配套夹具应能满足强度和刚度要求,并且能保证加载过程中吊装预埋件处于轴心受拉状态。

图 5.3-1　双头吊钉配套夹具

2. 检验步骤

（1）安装吊装预埋件配套夹具，将夹具与试验机夹头安装牢固。

（2）安装吊装预埋件，保证预埋件与夹具以及万能试验机夹头轴线一致。

（3）对试件沿轴向连续、均匀施加拉伸荷载，加载速度控制在 $1\sim3kN/min$，直到吊装预埋件破坏。

3. 检验结果及合格判定标准

对承载能力极限检验，应依据单个试件的试验结果计算吊装预埋件的极限抗拉承载力标准值 R_{tk}，R_{tk} 符合式（5.3-1）规定时，检验结果可判定为合格。

$$R_{tk} \geqslant [R_t] \tag{5.3-1}$$

式中　R_{tk}——试验得到的极限抗拉承载力标准值（kN）；

　　$[R_t]$——产品标准或生产厂家给定的极限抗拉承载力标准值（kN）。

吊装预埋件抗拉承载力标准值 R_{tk} 按式（5.3-2）计算：

$$R_{tk} = \overline{R}_t(1-KV) \tag{5.3-2}$$

式中　R_{tk}——吊装预埋件抗拉承载力标准值；

　　$\overline{R}_t$——吊装预埋件抗拉承载力试验值的算术平均值；

　　K——置信等级 90％时采用 5％分位数的公差系数，依据表 5.3-1 取值；

　　V——变异系数，为连接件抗拉承载力试验值的标准偏差与算术平均值之比。

如果试验中抗拉承载力试验值的变异系数 V 大于 20％，确定吊装预埋件抗拉承载力标准值时应乘以一个附加系数 α，α 按式（5.3-3）计算，其中 V 取吊装预埋件抗拉承载力变异系数。

$$\alpha = \frac{1}{1+[V(\%)-20]\times0.03} \tag{5.3-3}$$

表 5.3-1　置信等级 90％时采用 5％分位数的公差系数 K

试件个数	K	试件个数	K
3	5.311	21	2.190
4	3.957	22	2.174
5	3.400	23	2.159
6	3.092	24	2.145
7	2.849	25	2.132
8	2.754	26	2.120
9	2.650	27	2.109
10	2.568	28	2.099
11	2.503	29	2.089
12	2.448	30	2.080
13	2.402	35	2.041
14	2.363	40	2.010
15	2.329	45	1.986
16	2.299	50	1.965
17	2.272	60	1.933
18	2.249	120	1.841
19	2.227	240	1.780
20	2.208	∞	1.645

5.3.2　临时支撑预埋件（产品）力学性能检验

临时支撑预埋件的外形尺寸及受力机理与金属吊装预埋件基本相同，其力学性能检验方法可参考第 5.3.1 节　金属吊装预埋件（产品）力学性能检验。

5.4　夹心保温墙板连接件（产品）力学性能检验

5.4.1　FRP 连接件（产品）力学性能检验

FRP 连接件（产品）力学性能检验主要是对连接件进行拉拔试验和剪切试验，测试其抗拉承载力和抗剪承载力。对于 FRP 连接件，由于外形限制，使其在试验机上不易夹持，并且 FRP 材料虽然本身能够承受较大的拉力，但是抗压性能较差，因此 FRP 连接件不能直接安装于万能试验机上直接夹持。本节采用的方法是将连接件锚固于混凝土基材中进行拉拔试验和剪切试验，通过计算控制 FRP 连接件在混凝土中的锚固深度和混凝土强度，使 FRP 连接件最终发生本身的材料破坏，而不是拔出破坏或其他破坏方式，以得出连接件的产品力学性能。试样的制作方法及详细的拉拔试验方案详见第 6.5.2 节中的相关规定；剪切试验方案详见第 6.5.2 节中 4～6 条款的相关规定。

1. 检验装置要求

对于 FRP 连接件拉拔试验，加载设备主要为万能试验机，设备应能连续、稳定地对试件进行加载，夹持端应与夹具保持对中。

对于 FRP 连接件剪切试验，加载设备主要为压力机，设备应能连续、稳定地对试件进行加载，抗剪试件中心应与压力机轴心对中。

2. 检验步骤

（1）放置试件至压力机或万能试验机，保证试件中心与加载装置中心对中。

（2）连续、稳定地对试件进行加载，直到 FRP 连接件被拉断（剪断），记录破坏荷载。

3. 检验结果及合格判定标准

对于夹心保温墙板连接件，其力学性能检验为承载能力极限检验，力学性能检验结果和合格判定标准如下：对承载能力极限检验，应依据单个试件的试验结果分别计算连接件的极限抗拉承载力 R_{tk} 标准值或抗剪承载力标准值 R_{vk}，R_{tk} 或 R_{vk} 符合式（5.4-1）和式（5.4-2）的规定时，检验结果可判定为合格。

$$R_{tk} \geqslant [R_t] \tag{5.4-1}$$

$$R_{vk} \geqslant [R_v] \tag{5.4-2}$$

式中　R_{tk}——试验得到的极限抗拉承载力标准值（kN）；

　　　R_{vk}——试验得到的极限抗剪承载力标准值（kN）；

　　$[R_t]$——产品标准或生产厂家给定的极限抗拉承载力标准值（kN）；

　　$[R_v]$——产品标准或生产厂家给定的极限抗剪承载力标准值（kN）。

（1）连接件抗拉承载力标准值 R_{tk} 按下式计算：

$$R_{tk} = \overline{R}_t(1 - KV)$$

（2）对于夹心保温墙板连接件，其抗剪承载力检测结果按照如下方法计算：

1）如试件破坏时，两侧混凝土板与中部混凝土板间的相对滑移不大于10mm，试件极限荷载取破坏荷载；如试件破坏时，两侧混凝土板与中部混凝土板间的相对滑移大于10mm，则试件极限荷载取滑移达到10mm前的最大荷载。单个连接件抗剪承载力取试件极限荷载与连接件数量的比值。

2）连接件抗剪承载力标准值 R_{vk} 按式（5.4-3）计算：

$$R_{vk} = \overline{R}_v(1-KV) \tag{5.4-3}$$

式中　　R_{vk}——连接件抗剪承载力标准值；

　　　　$\overline{R}_v$——连接件抗剪承载力试验值的算术平均值；

　　　　K——置信等级90%时采用5%分位数的公差系数，依据表5.3-1取值；

　　　　V——变异系数，为连接件抗剪承载力试验值的标准偏差与算术平均值之比。

3）如果试验中抗剪承载力试验值的变异系数 V 大于20%，确定连接件抗剪承载力标准值时应乘以一个附加系数 α，α 按式（5.3-3）计算，其中 V 取连接件抗剪承载力变异系数。

5.4.2　桁架式不锈钢连接件（产品）力学性能检验

由于桁架式不锈钢连接件整体尺寸较大，对其整体进行力学性能检验较为困难，所以根据桁架式不锈钢连接件的外形情况及受力机理，可对组成连接件的钢材进行单根拉拔试验和弦杆与腹杆之间的焊点力学性能试验，得出钢材拉拔承载力和节点强度后，根据拉杆、压杆原理计算桁架式不锈钢连接件的整体抗拉强度。

1. 试验样品要求

桁架式不锈钢连接件（产品）力学性能检验首先需要制作试验样品，即在连接件上、下弦分别选取试验样品。样品分为拉伸试验用样品和焊点试验用样品，焊点试验用样品的选取位置如图5.4-1和5.4-2所示。

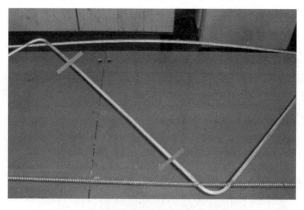

图5.4-1　钢材拉伸试验用样品选取位置

2. 检验装置要求

对于拉伸试验用样品，可直接在万能试验机上进行拉伸试验；对于焊点试验用样品，应安装专用夹具后，可在万能试验机上进行试验。夹具的设计包括上夹具（图5.4-3）和

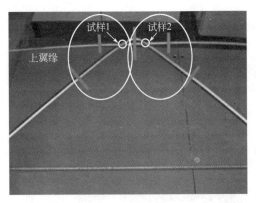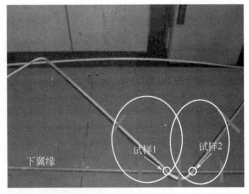

图 5.4-2　焊点试验用样品选取位置

下夹具（图 5.4-4）。上夹具的竖向凹槽宽度足以使杆子在凹槽内自由移动，而斜向凹槽应足够紧密，以避免在试验过程中试件转动或旋转。下夹具的竖向凹槽设计应保证与样品有牢固的连接。

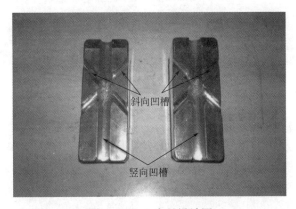

图 5.4-3　上夹具设计图

图 5.4-4　下夹具设计图

3. 检验步骤

对于钢材拉伸试验，将试件安装在万能试验机上后进行。

对于焊点强度试验，其检验步骤可分为：

（1）安装夹具于万能试验机上并连接牢固，如图 5.4-5 所示。

（2）安装焊点试件并与夹具连接，保证试件轴心受拉，如图 5.4-6 所示。

（3）连续、稳定地对试件进行加载，直到焊点试件破坏，记录破坏荷载。

图 5.4-5　安装夹具至万能试验机

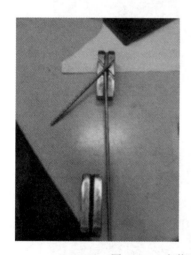

图 5.4-6　安装试件与夹具连接

4. 检验结果及合格判定标准

对于桁架式不锈钢连接件抗拉承载力，应依据单个试件的试验结果计算桁架式不锈钢连接件的极限抗拉承载力标准值 R_{tk}，R_{tk} 符合下式规定时，检验结果可判定为合格。

$$R_{tk} \geqslant [R_t]$$

其计算方法见 5.4.1 节 FRP 连接件。

5.4.3 不锈钢板式连接件（产品）力学性能检验

不锈钢板式连接件尺寸相对较大、厚度较小、极限承载力较大，当连接件直接安放至万能试验机上进行试验时，由于荷载较大，夹具会将连接件两端夹持的钢材破坏，因此，本节采用在板式连接件上取样的方法进行拉拔试验，试验方法依据《金属材料拉伸试验 第 1 部分：室温试验方法》GB/T228.1—2010 附录 B 厚度 0.1mm～<3mm 薄板和薄带使用的试样类型。

1. 试验样品要求

在板式连接件上取样示意图如图 5.4-7 所示，取样时应遵循下列原则：

（1）试样的形状

图 5.4-8 给出了 320mm×200mm 不锈钢板式连接件试样的形状。试样的夹持头部一般比其平行长度部分宽。试样头部与平行长度之间应有过渡半径至少为 20mm 的过渡弧相连接。头部宽度应不小于 $1.2b_0$（b_0 为板试样平行长度的原始宽度）。对于宽度等于或小于 20mm 的产品，试样宽度可以与产品宽度相同。

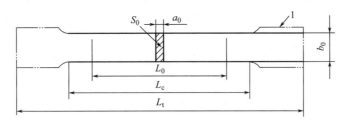

图 5.4-7 试样形状图

a_0—板试样原始厚度或管壁原始厚度；L_t—试样总长度；

b_0—板试样平行长度的原始宽度；L_0—原始标距；

S_0—平行长度的原始横截面面积；L_c—平行长度；1—夹持头部

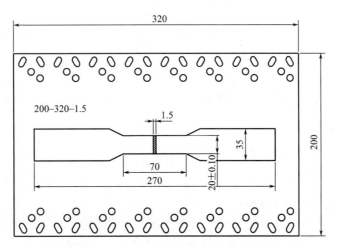

图 5.4-8 不锈钢板式连接件拉拔试样

（2）试样的尺寸

对于不锈钢板式连接件，采用比例试样尺寸，较广泛使用的比例试样尺寸见表 5.4-1，

表 5.4-1　矩形横截面比例试样尺寸

b_0(mm)	r(mm)	$k=5.65$			$k=11.3$		
		L_0(mm)	L_C(mm)	试样编号	L_0(mm)	L_C(mm)	试样编号
10				P1			P01
12.5		$5.65\sqrt{S_0}$	$\geq L_0+b_0/2$ 仲裁试验: L_0+2b_0	P2	$11.3\sqrt{S_0}$	$\geq L_0+b_0/2$ 仲裁试验: L_0+2b_0	P02
15	≥ 20	≥ 15		P3	≥ 15		P03
20				P4			P04

注：优先采用比例系数 $k=5.65$ 的比例试样。如比例标距小于15mm，建议采用非比例试样。

试样图 5.4-8 制作应满足如下要求：

1）平行长度不应小于 $b_0/2+L_0$。有争议时，平行长度应为 $2b_0+L_0$，除非材料尺寸不足够。

2）对于宽度等于或小于20mm的不带头试样，除非产品标准中另有规定，原始标距 L_0 应等于50mm。对于这类试样，两夹头间的自由长度应等于 $3b_0+L_0$。

3）当对每件试样测量尺寸时，应满足表 5.4-2 给出的形状公差的要求。

4）如果试样的宽度与产品宽度相同，应按照实际测量的尺寸计算原始横截面面积 S_0。

5）制备试样应不影响其力学性能，应通过加工方法去除由于剪切或冲切而产生的加工硬化部分材料。

6）试样优先从板材或带材上准备。如果可能，应保留原轧制面。

表 5.4-2　试样宽度公差　　　　　　　　　　　单位：mm

试样的名义尺度	尺寸公差①	形状公差②
12.5	± 0.05	0.06
20	± 0.10	0.12
25	± 0.10	0.12

① 如果试样的宽度公差满足表 5.4-2，原始横截面面积可以用名义值，而不必通过实际衡量再计算。

② 试样整个平行长度 L_0 范围，宽度测量值的最大、最小之差。

2. 检验设备

加载设备主要为万能试验机，设备应能连续、稳定地对试件进行加载，夹持端应与夹具保持对中。

3. 检验步骤

（1）放置试件在万能试验机上，保证试件中心与加载装置中心对中。

（2）连续、稳定地对试件进行加载，直至钢材发生破坏，记录破坏荷载。

4. 检验结果及合格评定标准

对于不锈钢板式连接件抗拉承载力，应依据单个试件的试验结果计算不锈钢板式连接件的极限抗拉承载力标准值 R_{tk}，R_{tk} 符合下式规定时，检验结果可判定为合格。

$$R_{tk} \geq [R_t]$$

其计算方法详见 5.4.1 节 FRP 连接件。

第6章 建筑配件出厂检验

建筑配件的出厂检验，主要是对预埋在混凝土中的建筑配件进行检验。部分预埋件在预制构件中属于不可见配件，如 FRP 连接件、桁架式不锈钢连接件等。因此，对其质量现状的检验存在一定的困难，需要采用破损检验和非破损检验相结合的方式，并结合文件资料检查等，对配件的外观质量、规格数量、安装质量及力学性能进行检验。

6.1 文件资料检查

建筑配件施工记录及相关检查结果文件（不可见的建筑配件应检验预制构件的生产过程质量控制文件）应资料齐全，无不合格记录且符合设计要求。文件资料主要包括下列内容：

(1) 建筑配件的质量证明、出厂合格证、产品说明书、检测报告或认证报告等。

(2) 安装图纸及相关文件。

(3) 建筑配件安装记录及相关检查记录文件。

(4) 隐蔽的建筑配件应有预制构件厂家提供的生产过程质量控制文件等。

(5) 其他相关材料。

检查过程中，如存在资料不齐全的，应要求配件产品生产厂家补齐相关资料，相关资料齐全后方可进行后续检验。

6.2 外观质量检查

建筑配件的外观质量检查主要包括以下内容：

(1) 安装后可见的建筑配件的变形、锈蚀等损伤情况。

(2) 建筑配件基材混凝土表面应坚实、平整，不应有蜂窝、麻面等局部缺陷。

针对构件中的不可见配件，应结合设计图纸，采用钻芯法抽样检查建筑配件的外观质量，抽样数量详见本书第 4.1 节。

如配件存在较明显的变形、锈蚀等情况或基材混凝土表面存在明显蜂窝、麻面等现象，应判定该配件安装质量不合格。

6.3 建筑配件类别、数量、规格检验

建筑配件出厂检验时，应按设计要求核对建筑配件的类别、数量和规格。建筑配件的类别、数量和规格应符合以下设计要求：

(1) 对于金属吊装预埋件、临时支撑预埋件等可见的预埋件，采用观察法进行检测。

（2）对于不可见的建筑配件，如夹心保温墙板连接件等，当对建筑构件或配件质量存在质疑时，应按第4章的抽样原则，钻取不同直径的芯样后进行检验，芯样取样直径可参考表6.3-1。

表6.3-1 芯样取样直径

项次	配件类别	项目	芯样直径
1	FRP连接件	直径	200mm
		长度	外叶墙板厚
2	桁架式不锈钢连接件	钢筋直径	350mm
		长度	外叶墙板厚
3	不锈钢板式连接件	宽度	连接件宽度＋50mm
		厚度	

（3）取芯前资料准备。采用钻芯法检测结构混凝土强度前，宜具备下列资料：

1）工程名称（或代号）及设计、施工、监理、建设单位名称。

2）构件种类、外形尺寸及数量。

3）设计混凝土强度等级。

4）检测龄期，原材料（水泥品种、粗骨料粒径等）和抗压强度试验报告。

5）结构或构件质量状况和施工中存在问题的记录。

6）有关的结构设计施工图等。

（4）取芯钻取部位确定。芯样宜在结构或构件的下列部位钻取：

1）结构或构件受力较小的部位。

2）便于钻芯机安放与操作的部位。

3）避开主筋、预埋件和管线的位置。

（5）钻芯施工注意事项

1）钻芯机就位并安放平稳后，应将钻芯机固定。固定的方法应根据钻芯机的构造和施工现场的具体情况确定。

2）钻芯机在未安装钻头之前，应先通电检查主轴旋转方向（三相电动机）。

3）钻芯时用于冷却钻头和排除混凝土碎屑的冷却水的流量宜为3～5L/min。

4）钻取芯样时应控制进钻的速度。

5）芯样应进行标记。当所取芯样高度和质量不能满足要求时，则应重新钻取芯样。

FRP连接件、桁架式不锈钢连接件以及不锈钢板式连接件取样时采用的钻头不同。FRP连接件取芯直径为200mm，桁架式不锈钢和不锈钢板式连接件取芯直径为350mm，芯样深度与外叶墙板厚度相同。取样后，将外叶墙板朝上，并去掉保温层，然后检查连接件的类别、数量和规格是否满足设计要求。

6.4 建筑配件尺寸与偏差检验

建筑配件安装后的允许偏差及检验方法应满足表6.4-1的要求，抽样数量可参考本书第4.1节的要求。对于不可见配件，如FRP连接件、桁架式不锈钢连接件和不锈钢板式连接件等，可结合钻芯法，钻取芯样后进行检验，其实测项目的允许偏差及检验方法应满足表 6.4-1 的要求。

表 6.4-1　建筑配件实测项目的允许偏差及检验方法

项次	项目		允许偏差（mm）	检验方法
1	建筑配件中心线位置		2	尺量
2	预埋螺栓	中心线位置	2	尺量
		外露长度	+10，−5	
3	临时支撑预埋件	中心线位置	2	尺量
		与混凝土面平面高差	±5	
4	双头吊钉	中心线位置	2	尺量
		外露长度	+10，−5	
5	FRP 连接件	中心线位置	2	尺量
		直径	2	尺量
6	桁架式不锈钢连接件	钢筋直径	1	尺量
		中心线位置	2	尺量
7	不锈钢板式连接件	板厚	1	尺量
		附加钢筋根数	0	观察

检查中心线、螺栓和孔道位置偏差时，沿纵、横两个方向测量，并取其中偏差绝对值较大值。

6.5　建筑配件力学性能检验

金属吊装预埋件出厂时的力学性能检验，可采用非破坏性检验方法和破坏性检验方法，按 4.1 节的抽样原则，可直接在原构件上进行检验。对于非破坏检验方法，拉拔试验加载至配件的设计强度后即停止加载，记录配件的应力和变形情况；进行破坏性检验时，破坏试验应加载至配件破坏，并记录最大破坏荷载和破坏方式。

6.5.1　金属吊装预埋件拉拔试验（方法一）

1. 试验前期准备

检测前应首先了解构件种类、混凝土强度、吊装预埋件种类、位置及吊装设计荷载等情况，所有构件应调整至平面位置，并且应保证构件底部与地面紧密接触。

2. 试验装置及安装要求

金属吊装预埋件拉拔力学性能试验可采用如图 6.5-1 所示的试验装置。试验装置包括百分表、反力螺栓、穿心千斤顶、加载支座、球形连接器以及加载杆等。球形连接器（图 6.5-2）用于连接加载杆和吊装预埋件，同时球形连接器应有足够的刚度，以保证试验数据的准确性。试验装置整体应具有足够的刚度，能够满足试验精度要求和加载要求。

百分表要求：仪器的量程不应小于 50mm；其测量的允许偏差应为 ±0.02mm。

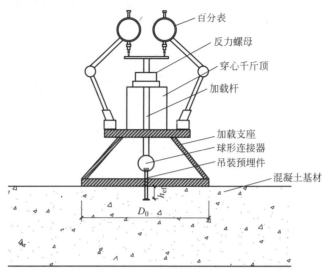

图 6.5-1　吊装预埋件拉拔试验装置

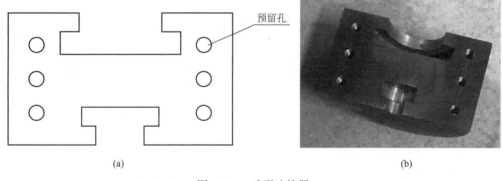

图 6.5-2　球形连接器

(a) 示意图；(b) 实物图

拉拔仪要求：设备的加载能力应比预计的检验荷载值至少大 20%，且不大于检验荷载的 2.5 倍，设备应能连续、平稳可控地运行；加载设备应能按照规定的速度加载，测力系统整机允许偏差为全量程的 $\pm 2\%$；设备的液压加荷系统持荷时间不超过 5min 时，其降荷值不应大于 5%；加载设备应能保证所施加的拉伸荷载始终与金属吊装预埋件的轴线一致。

3. 加载步骤

(1) 试验时首先安装加载支座，加载支座预留孔洞应与吊装预埋件同心对称。

(2) 将球形连接器与吊装预埋件连接，同时将加载杆与球形连接器连接，再将球形连接器安装牢固。

(3) 安装加载支座和穿心千斤顶，加载杆应该与加载支座中心和穿心千斤顶中心在一条直线上。

(4) 安装反力螺母，以提供反力。

4. 加载方式

进行非破损检测时，施加荷载应符合下列规定：

（1）连续加载时，应以均匀速率在 2～3min 时间内加载至设定的检验荷载，并持荷 2min。

（2）分级加载时，应将设定的检验荷载均分为 10 级，每级持荷 1min，直至设定的检验荷载，并持荷 2min。

（3）荷载检验值应取 $0.9f_{yk}A_s$ 和 $0.8N_{RK}$ 的较小值，其中 N_{RK} 为发生混凝土破坏时的承载力标准值，可按本书第 3 章 3.3.1 节发生混凝土破坏时的相关公式进行计算。

进行破坏性检测时，施加荷载应符合下列规定：

（1）连续加载时，应以均匀速率在 2～3min 时间内加载至吊装预埋件破坏。

（2）分级加载时，前 8 级，每级荷载增量应取为 $0.1N_u$ 且每级持荷 1～1.5min；第 9 级起，每级荷载增量应取为 $0.05N_u$，且每级持荷 30s，直至吊装预埋件破坏。N_u 为计算的破坏荷载值，其计算方法可根据本书第 3 章 3.3.1 节吊装预埋件抗拉承载力计算最小值确定。

5. 检测结果评定

进行非破损检验时，试件在加载期间，吊装预埋件无滑移、基材混凝土无裂缝或其他局部损坏迹象未出现，并且加载装置的荷载示值在 2min 内无下降或下降幅度不超过 5% 的检验荷载时，检测结果评定为合格。

对承载能力极限检验，应依据单个试件的试验结果计算吊装预埋件的极限抗拉承载力标准值 R_{tk}，R_{tk} 符合式（6.5-1）规定时，检验结果可判定为合格。

$$R_{tk} \geqslant [R_t] \tag{6.5-1}$$

6.5.2 金属吊装预埋件拉拔试验（方法二）

1. 试验前期准备

检测前应首先了解构件种类、混凝土强度、吊装预埋件种类、位置及吊装设计荷载等情况。所有构件应调整至平面位置，并且应保证构件底部与地面紧密接触。

2. 试验装置及安装要求

吊装预埋件拉拔力学性能试验可采用图 6.5-3 所示的试验装置。试验装置由加载杆、拉拔仪、连接装置、工字梁、箱形梁等组成。连接装置详见 6.5.1 节中球形连接器内容。试验装置整体刚度较大，能够满足试验精度要求和加载要求。

百分表要求：仪器的量程不应小于 50mm；其测量的允许偏差应为 ±0.02mm。

拉拔仪要求：设备的加载能力应比预计的检验荷载值至少大 20%，且不大于检验荷载的 2.5 倍，设备应能连续、平稳可控地运行；加载设备应能按照规定的速度加载，测力系统整机允许偏差为全量程的 ±2%；设备的液压加荷系统持荷时间不超过 5min 时，其降荷值不应大于 5%；加载设备应能保证所施加的拉伸荷载始终与夹心保温墙板连接件的轴线一致。

3. 加载步骤

（1）试验时首先安装工字梁，工字梁之间的间距应不小于 $3h_{ef}$，同时两个工字梁的位置距吊装预埋件的距离相同。

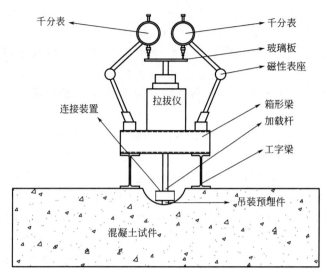

图 6.5-3　吊装预埋件拉拔试验装置

（2）安装箱形梁，箱形梁中间预留洞口位置与吊装预埋件位置在同一条直线上。

（3）安装连接装置与吊装预埋件连接，之后将加载杆与连接装置连接，安装拉拔仪顶，以提供荷载。

4. 加载方式

进行非破损检测时，施加荷载应符合下列规定：

（1）连续加载时，应以均匀速率在 2～3min 时间内加载至设定的检验荷载，并持荷 2min。

（2）分级加载时，应将设定的检验荷载均分为 10 级，每级持荷 1min，直至设定的检验荷载，并持荷 2min。

（3）荷载检验值应取 $0.9f_{yk}A_s$ 和 $0.8N_{RK}$ 的较小值，可按本书第 3 章 3.3.1 节发生混凝土破坏时相关公式进行计算。

进行破坏性检测时，施加荷载应符合下列规定：

（1）连续加载时，应以均匀速率在 2～3min 时间内加载至吊装配件破坏。

（2）分级加载时，前 8 级，每级荷载增量应取为 $0.1N_u$ 且每级持荷 1～1.5min；第 9 级起，每级荷载增量应取为 $0.05N_u$ 且每级持荷 30s，直至吊装预埋件破坏。N_u 为计算的破坏荷载值，其计算方法可根据本书第 3 章 3.3.1 节吊装预埋件抗拉承载力计算最小值确定。

5. 检测结果评定

试件在加载期间，吊装预埋件无滑移、基材混凝土无裂缝或其他局部损坏迹象未出现，并且加载装置的荷载示值在 2min 内无下降或下降幅度不超过 5% 的检验荷载时，检测结果评定为合格。

对承载能力极限检验，应依据单个试件的试验结果计算吊装预埋件的极限抗拉承载力标准值 R_{tk}，R_{tk} 符合下式规定时，检验结果可判定为合格。

$$R_{tk} \geqslant [R_t]$$

6.5.3　金属吊装预埋件剪切试验

1. 试验前期准备

检测前应首先了解构件种类、混凝土强度、吊装预埋件种类、位置及吊装设计荷载等情况，所有构件应调整至平面位置，并且应保证构件底部与地面紧密接触。

2. 试验装置及安装要求

吊装预埋件剪切力学性能试验可采用图 6.5-4 所示的试验装置。试验装置包括百分表、加载端板、穿心千斤顶、加载杆、加载横梁等，加载横梁中间应预留孔洞足够使加载杆穿过；加载端板用于施加水平剪力，加载端板圆孔的直径应略大于吊装预埋件直径，其形式如图 6.5-5 所示。

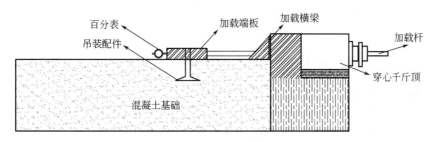

图 6.5-4　吊装预埋件剪切试验装置

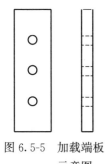

图 6.5-5　加载端板示意图

百分表要求：仪器的量程不应小于 50mm；其测量的允许偏差应为 ±0.02mm。

拉拔仪要求：设备的加载能力应比预计的检验荷载值至少大 20%，且不大于检验荷载的 2.5 倍，设备应能连续、平稳可控地运行；加载设备应能够按照规定的速度加载，测力系统整机允许偏差为全量程的 ±2%；设备的液压加荷系统持荷时间不超过 5min 时，其降荷值不应大于 5%；加载设备应能保证所施加的拉伸荷载始终与夹心保温墙板连接件的轴线一致。

3. 加载步骤

（1）安装加载横梁，同时安装加载端板并与吊装预埋件连接。

（2）安装加载杆并与加载端板连接，加载杆应从加载横梁中间穿过。

（3）安装穿心千斤顶及反力螺母，并调整千斤顶位置，使穿心千斤顶、加载杆以及加载端板在同一条直线上。

4. 加载方式

进行非破损检测时，施加荷载应符合下列规定：

（1）连续加载时，应以均匀速率在 2～3min 时间内加载至设定的检验荷载，并持荷 2min。

（2）分级加载时，应将设定的检验荷载均分为 10 级，每级持荷 1min，直至设定的检验荷载，并持荷 2min。

（3）荷载检验值应取 $0.9f_{yk}A_s$ 和 $0.8N_{RK}$ 的较小值，N_{RK} 可按本书第 3 章进行计算。

进行破坏性检测时，施加荷载应符合下列规定：

（1）连续加载时，应以均匀速率在 2~3min 时间内加载至吊装预埋件破坏。

（2）分级加载时，前 8 级，每级荷载增量应取为 $0.1N_u$ 且每级持荷 1~1.5min；第 9 级起，每级荷载增量应取为 $0.05N_u$ 且每级持荷 30s，直至吊装预埋件破坏。N_u 为计算的破坏荷载值，其计算方法可根据本书第 3 章 3.3.1 节吊装预埋件抗拔承载力计算最小值确定。

5. 检验结果评定

当进行非破坏检验时，试件在加载期间，吊装预埋件无滑移、基材混凝土无裂缝或其他局部损坏迹象未出现，并且加载装置的荷载示值在 2min 内无下降或下降幅度不超过 5% 的检验荷载时，检测结果评定为合格。

对承载能力极限检验，应依据单个试件的试验结果计算吊装预埋件的极限抗剪承载力标准值 R_{vk}，R_{vk} 符合式（6.5-2）规定时，检验结果可判定为合格。

$$R_{vk} \geqslant [R_v] \tag{6.5-2}$$

6.5.4　FRP 连接件拉拔试验（方法一）

夹心保温墙板连接件在构件中属于不可见的配件，出厂检验时应按第 4.1 节的抽样原则制作平行构件，并采用第 6.5.4~6.5.13 节的试验方法进行拉拔试验和剪切试验，检验方法均采用破损检验。

1. 平行构件制作

FRP 拉拔试件如图 6.5-6 所示，由上、下两片混凝土板和中间保温层组成，上、下两层混凝土板内预埋锚固钢筋用于加载，加载端预埋锚固钢筋由三根钢筋焊接而成。每个试件预埋 1 根连接件。

平行构件制作时，应首先制作试件模板，安装加载端钢筋以及连接件和保温板，安装时，应保证上、下加载端钢筋与连接件对中；之后浇筑混凝土，试件制作完成。

平行构件制作时，应保证上、下加载端钢筋与连接件对中，同时，构件截面尺寸应大于 $1.5h_{ef}$（h_{ef} 为连接件锚固深度），以保证足够的边缘距离。加载端钢筋应留有足够的长度用于加载。加载端钢筋的直径和锚固深度应满足承载力和刚度的要求。

2. 试验装置及安装要求

试验装置如图 6.5-7 所示，试件可放在万能试验机上进行拉拔试验，应保证试验过程中荷载均匀施加。万能试验机应满足加载量程的要求。

3. 加载步骤

（1）安装试件至万能试验机上，调整夹具与试件位置，使夹具与加载端钢筋在一条直线上。

（2）连续、平稳地加载，对试件沿轴向连续、均匀施加拉伸荷载，直到试件断裂或被拔出，加载速率应控制在 1~3kN/min，直至试件破坏，记录破坏荷载。

4. 检验结果评定

对于夹心保温墙板连接件，其力学性能检测为承载能力极限检验，力学性能检测结果和合格判定标准如下：对承载能力极限检验，应依据单个试件的试验结果计算连接件的极限受拉承载力标准值 R_{tk}，R_{tk} 符合下式规定时，检验结果可判定为合格。

$$R_{tk} \geqslant [R_t]$$

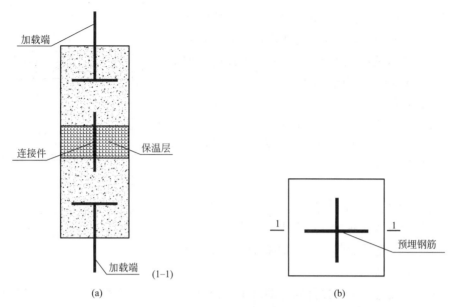

图 6.5-6 FRP 连接件拉拔试件

（a）正视图；（b）俯视图

图 6.5-7 FRP 连接件拉拔试验装置

6.5.5 FRP 连接件拉拔试验（方法二）

1. 平行试件制作

方法二中 FRP 连接件拉拔平行试件由混凝土板、连接件、抗劈裂钢筋和锚固钢筋组成，每个试件中预埋 1 个 FRP 连接件，试件制作时应保证上、下夹持端钢筋与 FRP 连接件在一条直线上，FRP 连接件拉拔试件如图 6.5-8 所示。

同时，夹持端应保留足够的长度用于加载，夹持钢筋采用直径为 20mm 的 HRB400级钢筋，当有特殊要求时，也可采用其他规格钢筋；夹持钢筋锚固在混凝土板中的端部与四根带弯钩的钢筋焊接；锚固钢筋采用直径为 10mm 的 HRB400 级钢筋，当有特殊要求

时，也可采用其他规格钢筋。试验模型的详细尺寸可参考
《预制混凝土夹心保温外墙板应用技术标准》DG/TJ 08—
2158—2017 中的规定。混凝土立方体抗压强度宜取 30～
40MPa，也可按实际工程选取。

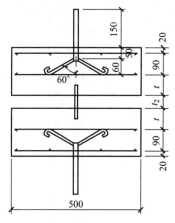

图 6.5-8　FRP 连接件拉拔试件
（单位：mm）

2. 试验装置及安装要求

试验装置如图 6.5-7 所示，试件可放置在万能试验机
上进行拉拔试验，应保证试验过程中荷载均匀施加。万能
试验机应满足加载量程的要求。

3. 加载步骤

（1）安装试件至万能试验机上，调整夹具与试件位
置，使夹具与加载端钢筋在一条直线上。

（2）连续、平稳地加载，开始加载 1～3min 后荷载达
到设计荷载，并持荷 2min。

（3）观察加载过程中连接件四周混凝土是否出现裂缝或者剥落情况，以及记录的拉拔
仪示值是否稳定。

4. 检验结果评定

对于夹心保温墙板连接件，其力学性能检测为承载能力极限检验，力学性能检测结果
和合格判定标准如下：对承载能力极限检验，应依据单个试件的试验结果计算连接件的极
限受拉承载力标准值 R_{tk}，R_{tk} 符合下式规定时，检验结果可判定为合格。

$$R_{tk} \geqslant [R_t]$$

6.5.6　FRP 连接件拉拔试验（方法三）

1. 平行试件制作

图 6.5-9 为 FRP 连接件拉拔试件，FRP 连接件拉拔试件由混凝土板、连接件、钢棒、钢
框架和夹持端等组成。每个试件中预埋 1 个 FRP 连接件，连接件在夹持端和混凝土板中的锚
固深度应满足设计要求，混凝土立方体抗压强度宜取 30～40MPa，也可按实际工程选取。

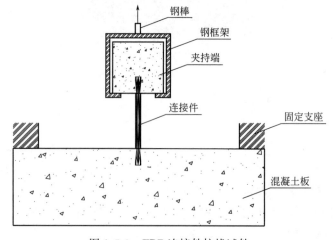

图 6.5-9　FRP 连接件拉拔试件

夹持端采用高强灌浆料浇筑而成,灌浆料应符合现行行业标准《装配式混凝土结构技术规程》JGJ 1 的规定,夹持端的材料强度和尺寸应能保证试验中夹持端不发生破坏。试验模型的详细尺寸可参考《预制混凝土夹心保温外墙板应用技术标准》DG/TJ 08—2158—2017 中的规定。

2. 试验装置及安装要求

可设计如图 6.5-10 所示的试验装置对 FRP 连接件进行拉拔试验,试验装置包括加载支座、加载杆、拉拔仪、钢棒和钢框架等,钢框架应能容纳试件夹持端,其下方孔洞应能使连接件穿过。试验加载时,对试件沿轴向连续、均匀加载,加载速率控制在 1～3kN/min。

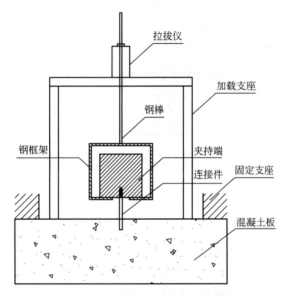

图 6.5-10　FRP 连接件拉拔试验装置

3. 加载步骤

(1) 安装钢框架与夹持端上部,夹持端中心应与钢框架中心对中。

(2) 安装固定支座和钢棒,并连接钢棒和钢框架,同时调整钢棒、钢框架以及固定支座的位置关系,使 FRP 连接件承受竖向拉拔荷载。

(3) 连续、平稳地加载,开始加载 1～3min 后荷载达到设计荷载,并持荷 2min。

(4) 观察加载过程中 FRP 连接件四周混凝土是否出现裂缝或者剥落情况,以及记录的拉拔仪示值是否稳定。

4. 检验结果评定

对于夹心保温墙板连接件,同组进行 5 个平行试件试验,其力学性能检测为承载能力极限检验,力学性能检测结果和合格判定标准如下:对承载能力极限检验,应依据单个试件的试验结果计算连接件的极限受拉承载力标准值 R_{tk},R_{tk} 符合下式规定时,检验结果可判定为合格。

$$R_{tk} \geqslant [R_t]$$

6.5.7 FRP连接件剪切试验（方法一）

1. 平行试件制作

如图 6.5-11 所示，试件由两块 L 形混凝土板和一层保温层组成，中间保温层的厚度根据 FRP 连接件实际尺寸确定，上、下保温层厚度应满足连接件破坏时变形要求，连接件应沿着弱轴方向水平布置，试件制作应满足 FRP 连接件相关构造要求。

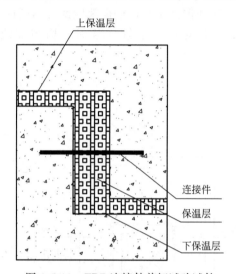

图 6.5-11　FRP连接件剪切试验试件

2. 试验装置及安装要求

试件放置在压力机上进行加载，应保证试验过程中连续、均匀加载，试件中心应与压力机中心对中。试验装置如图 6.5-12 所示，包括引伸计 1、钢板 2、力传感器 3、钢钉 4、连接件 5、试件上板 6、试件下板 7、压力机上板 8 以及压力机下板 9。

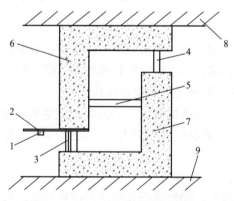

图 6.5-12　FRP连接件剪切试验装置

1—引伸计；2—钢板；3—力传感器；4—钢钉；5—连接件；6—试件上板；
7—试件下板；8—压力机上板；9—压力机下板

3. 加载步骤

（1）将钢板预埋在试件上部倒置 L 形混凝土下部。

（2）将四根钢钉预埋在上、下 L 形混凝土试件中。

（3）将试件放置于压力机上，并安装引伸计和压力传感器。

（4）拆除四根预埋钢钉，同时记录此时的压力传感器数据。

（5）移除压力传感器，并记录此时引伸计的位移数据。

（6）压力机施加荷载。

4. 检验结果评定

对于夹心保温墙板连接件，其力学性能检测为承载能力极限检验，力学性能检测结果和合格判定标准如下：对承载能力极限检验，应依据单个试件的试验结果计算连接件的极限抗剪承载力标准值 R_{vk}，R_{vk} 符合下式规定时，检验结果可判定为合格。

$$R_{vk} \geqslant [R_v]$$

6.5.8　FRP 连接件剪切试验（方法二）

1. 平行试件制作

如图 6.5-13 所示，平行试件由三块混凝土板和两个空腔组成，中间空腔的厚度应与保温层厚度相同。FRP 连接件应沿着弱轴方向水平布置，连接件间距为 500mm，每个试件预埋 8 个 FRP 连接件，连接件锚固深度应满足设计要求。试件制作应满足 FRP 连接件相关构造要求，混凝土立方体抗压强度宜取 30～40MPa。试件的详细尺寸可详见《预制混凝土夹心保温外墙板应用技术标准》DG/TJ 08—2158—2017。

2. 试验装置及安装要求

试验装置包括千斤顶、分配梁、固定支座等装置，如图 6.5-13 所示。试验过程中应均匀、稳定地对试件进行加载。

3. 加载步骤

（1）为避免中间层混凝土墙板在自重作用下产生滑移，应提前在该层混凝土墙板底部（中部）放置千斤顶 1，如图 6.5-13 所示。调整千斤顶 1 的高度，使其与两侧固定支座高度相同。

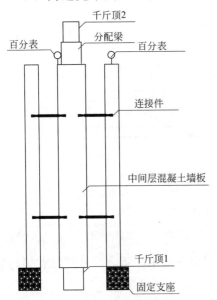

图 6.5-13　FRP 连接件剪切试验试件及试验装置示意图

（2）将试件放置在支座上，中间层混凝土墙板中心置于千斤顶 1 上，并在其上方架设千斤顶 2（加载用）和百分表。

（3）试验加载时，首先对中间层混凝土墙板底部的千斤顶 1 进行匀速卸载，卸载速度控制在 1～15kN/min 的范围内。

（4）卸载后，使用上方千斤顶 2 对试件施加连续、匀速的推出荷载，加载速度控制在 1～15kN/min 的范围内，直至设计荷载，并持荷 2min。

（5）观察加载过程中 FRP 连接件四周混凝土是否出现裂缝或者剥落情况，以及记录的拉拔仪示值是否稳定。

4. 检验结果评定

对于夹心保温墙板连接件，其力学性能检测为承载能力极限检验。力学性能检测结果和合格判定标准如下：对承载能力极限检验，应依据单个试件的试验结果计算连接件的极限受剪承载力标准值 R_{vk}，R_{vk} 符合下式规定时，检验结果可判定为合格。

$$R_{vk} \geqslant [R_v]$$

6.5.9 桁架式不锈钢连接件、不锈钢板式连接件拉拔试验（方法一）

1. 平行试件制作

试件由上、下两片混凝土板和一层保温层组成，上、下两片混凝土板之间的距离根据保温层的厚度确定。下一片混凝土板中预埋螺栓，螺栓间距为 1000mm，螺栓之间的中线与板的中线平齐。每个试件预埋 1 个连接件，桁架式不锈钢连接件取对称的 3 个节间，不锈钢板式连接件应包括附加钢筋等构造措施，连接件在混凝土中的锚固深度应满足产品厂家规定的构造要求。

2. 试验装置及安装要求

试验装置包括千斤顶、反力梁、加载横梁、加载杆、加载架等组成，如图 6.5-14 所示。荷载由千斤顶施加，并通过装置的转化实现加载杆对混凝土上板进行提升，混凝土上板应具有足够的承载力和刚度，能够保证试验过程中不发生破坏和明显的变形。

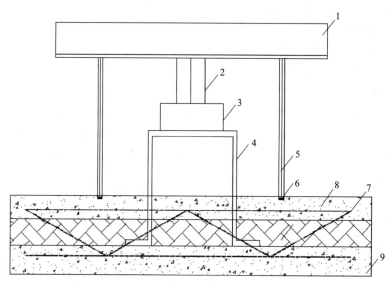

图 6.5-14 桁架式不锈钢、不锈钢板式连接件拉拔试验装置

1—加载梁；2—拉拔仪；3—反力梁；4—加载支座；5—加载杆；6—预埋螺栓；
7—连接件；8—试件上板；9—试件下板

3. 加载步骤

（1）安装加载架至混凝土上板，加载架中心应与混凝土板中心重合，并且加载架与混凝土上板两端的距离均相同。

（2）安装加载横梁，应保证加载横梁中心距离加载架两端相等。

（3）安装千斤顶，千斤顶中心应与加载横梁中心重合。

（4）安装加载杆与预埋螺栓，同时安装反力梁，反力梁中心应与千斤顶中心重合，反力梁与加载杆之间采用螺栓连接。

（5）安装百分表，之后连续、稳定地进行加载，加载至设计荷载并持荷 2min。

（6）观察加载过程中连接件四周混凝土是否出现裂缝或者剥落情况，记录的拉拔仪示值是否稳定。

4. 检验结果评定

对于夹心保温墙板连接件，其力学性能检测为承载能力极限检验，力学性能检测结果和合格判定标准如下：对承载能力极限检验，应依据单个试件的试验结果计算连接件的极限受拉承载力标准值 R_{tk}，R_{tk} 符合下式规定时，检验结果可判定为合格。

$$R_{tk} \geqslant [R_t]$$

6.5.10 桁架式不锈钢连接件、不锈钢板式连接件拉拔试验（方法二）

1. 平行试件制作

试件由上、下两片混凝土板，防劈裂钢筋，夹持钢筋和锚固钢筋组成，如图 6.5-15 所示，上、下两片混凝土板之间的距离根据保温层的厚度确定。每个试件预埋 1 个连接件，桁架式不锈钢连接件取 1 个节间，不锈钢板式连接件应包括附加钢筋等构造措施，连接件在混凝土中的锚固深度应满足产品厂家规定的构造要求。夹持钢筋采用直径为 20mm 的 HRB400 级钢筋，当有特殊要求时，也可采用其他规格的钢筋；夹持钢筋锚固在混凝土板中的端部与四根带弯钩的锚固钢筋焊接；锚固钢筋采用直径为 10mm 的 HRB400 级钢筋，当有特殊要求时，也可采用其他规格的钢筋。防劈裂钢筋最小配筋率应满足现行国家标准《混凝土结构设计规范》GB 50010 和《建筑抗震设计规范》GB 50011 的规定。混凝土立方体抗压强度宜取 30～40MPa，也可按实际工程选取。

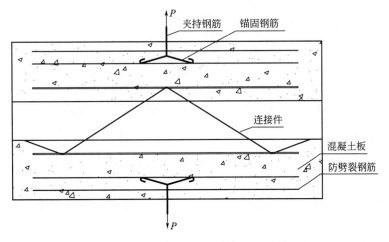

图 6.5-15 桁架式不锈钢、不锈钢板式连接件拉拔试件

2. 试验装置及安装要求

试件放置在万能试验机上进行加载，应保证试验过程中连续、均匀加载。

3. 加载步骤

（1）安装试件，保证试件上、下夹持端与万能试验机夹具在一条直线上。

（2）连续、稳定地进行加载，加载至设计荷载，并持荷 2min。

（3）观察加载过程中连接件四周混凝土是否出现裂缝或者剥落情况，记录的拉拔仪示值是否稳定。

4. 检验结果评定

对于夹心保温墙板连接件，其力学性能检测为承载能力极限检验，力学性能检测结果和合格判定标准如下：对承载能力极限检验，应依据单个试件的试验结果计算连接件的极限受拉承载力标准值 R_{tk}，R_{tk} 符合下式规定时，检验结果可判定为合格。

$$R_{tk} \geqslant [R_t]$$

6.5.11　桁架式不锈钢连接件、不锈钢板式连接件拉拔试验（方法三）

1. 平行试件制作

试件由混凝土板、连接件和夹持端等组成，如图 6.5-16 所示。每个试件中预埋 1 个桁架式不锈钢连接件，连接件取 1 个节间，连接件在夹持端和混凝土板中的锚固深度应满足设计要求。混凝土立方体抗压强度宜取 30～40MPa，也可按实际工程选取。夹持端采用高强灌浆料浇筑而成，灌浆料应符合现行行业标准《装配式混凝土结构技术规程》JGJ 1 的规定，夹持端的材料强度和尺寸应能保证试验中夹持端不发生破坏。试验模型的详细尺寸可参考《预制混凝土夹心保温外墙板应用技术标准》DG/TJ 08—2158—2017。

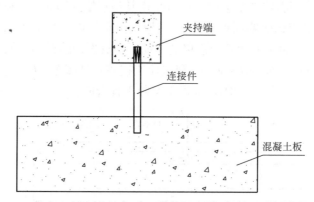

图 6.5-16　桁架式不锈钢、不锈钢板式连接件拉拔试件

2. 试验装置及安装要求

可设计如图 6.5-17 所示的试验装置对桁架式不锈钢连接件进行拉拔试验。试验装置包括固定支座、钢棒、拉拔仪、钢框架、加载支座等，钢框架应能容纳试件夹持端，其下方孔洞应能使连接件穿过。试验加载时，对试件沿轴向连续、均匀加载，加载速率控制在 1～3kN/min。

3. 加载步骤

（1）安装钢框架与夹持端上部，夹持端中心应与钢框架中心对中。

（2）安装加载支座和钢棒，并连接钢棒和钢框架，同时调整钢棒、钢框架及加载支座的位置关系，使连接件承受竖向拉拔荷载。

（3）连续、平稳地加载，开始加载 1～3min 后荷载达到设计荷载，并持荷 2min。

（4）观察加载过程中连接件四周混凝土是否出现裂缝或者剥落情况，记录的拉拔仪示

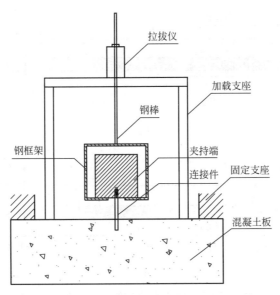

图 6.5-17　试验装置

值是否稳定。

4. 检验结果评定

对于夹心保温墙板连接件，其力学性能检测为承载能力极限检验，力学性能检测结果和合格判定标准如下：对承载能力极限检验，应依据单个试件的试验结果计算连接件的极限受拉承载力标准值 R_{tk}，R_{tk} 符合下式规定时，检验结果可判定为合格。

$$R_{tk} \geqslant [R_t]$$

6.5.12　桁架式不锈钢连接件、不锈钢板式连接件剪切试验（方法一）

1. 平行试件制作

平行试件由混凝土上板、下板和一层保温层组成。为防止发生平面外扭转变形，每个试件内布置 2 个连接件，桁架式不锈钢连接件取对称 3 个节间。混凝土强度为 C30~C40，也可按照实际工程进行确定。混凝土板的尺寸以及连接件的布置应满足连接件产品使用说明的要求。

2. 试验装置及安装要求

试验装置由千斤顶、预埋螺杆、反力钢板、加劲肋板等组成，如图 6.5-18 所示。荷载由千斤顶施加，并通过装置的转化实现加载杆对混凝土上板的水平推力。混凝土上板应具有足够的承载力和刚度，能够保证试验过程中不发生破坏和明显的变形。

3. 加载步骤

（1）连接、固定反力钢板与预埋螺杆。

（2）安装千斤顶，千斤顶中心与混凝土上板中心对齐。

（3）连续、稳定地进行加载，加载至设计荷载，并持荷 2min。

（4）观察加载过程中连接件四周混凝土是否出现裂缝或者剥落情况，记录的拉拔仪示值是否稳定。

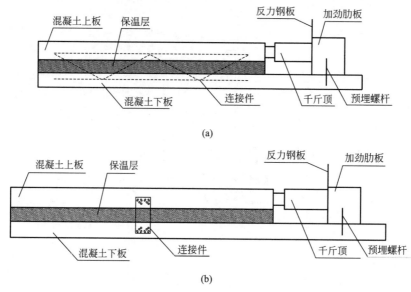

图 6.5-18　桁架式不锈钢连接件和不锈钢板式连接件剪切试验装置

（a）桁架式不锈钢连接件；（b）不锈钢板式连接件

4. 检验结果评定

对于夹心保温墙板连接件，其力学性能检测为承载能力极限检验，力学性能检测结果和合格判定标准如下：对承载能力极限检验，应依据单个试件的试验结果计算连接件的极限抗剪承载力标准值 R_{vk}，R_{vk} 符合下式规定时，检验结果可判定为合格。

$$R_{vk} \geqslant [R_v]$$

6.5.13　桁架式不锈钢连接件、不锈钢板式连接件拉拔试验（方法二）

1. 平行试件制作

试件由 3 层混凝土板和 2 层空腔组成，中间层混凝土墙板厚度为两侧混凝土墙板厚度的 2 倍。为防止发生平面外扭转变形，每个试件内布置 2 个连接件，桁架式不锈钢连接件取对称 2 个节间。混凝土强度为 C30～C40，也可按照实际工程进行确定。混凝土板的尺寸以及连接件的布置应满足连接件产品使用说明的要求。

2. 试验装置及安装要求置

试验装置包括千斤顶、分配梁、固定支座等装置，如图 6.5-19 所示。试验过程中应均匀、稳定地对试件进行加载。试验装置应具有足够的刚度，以保证试验过程中不发生变形。

3. 加载步骤

（1）为避免中间层混凝土墙板在自重作用下产生滑移，应提前在该层混凝土墙板底部（中

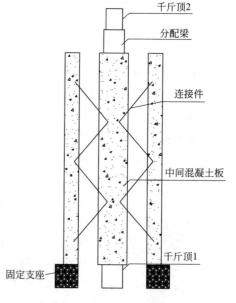

图 6.5-19　桁架式不锈钢连接件剪切试验装置

部）提前放置千斤顶 1，调整千斤顶的高度，使其与两侧固定支座高度相同。

（2）将试件放置在支座上，中间层混凝土墙板中心置于千斤顶 1 上，并在其上方架设千斤顶 2（加载用）。

（3）试验加载时，首先对中间层混凝土墙板底部的千斤顶 1 进行匀速卸载，卸载速度控制在 1～15kN/min 的范围内。

（4）卸载后，使用上方千斤顶 2 对试件施加连续、匀速的推出荷载，加载速度控制在 1～15kN/min 的范围内，直至设计荷载，并持荷 2min。

（5）观察加载过程中连接件四周混凝土是否出现裂缝或者剥落情况，记录的拉拔仪示值是否稳定。

4. 检验结果评定

对于夹心保温墙板连接件，其力学性能检测为承载能力极限检验，力学性能检测结果和合格判定标准如下：对承载能力极限检验，应依据单个试件的试验结果计算连接件的极限抗剪承载力标准值 R_{vk}，R_{vk} 符合下式规定时，检验结果可判定为合格。

$$R_{vk} \geqslant [R_v]$$

第7章 建筑配件进场检验

建筑配件进入施工现场前，因受到预制构件吊装、运输等过程的影响，有可能受到局部损伤，因此，在出厂检验的基础上，施工单位应进一步对建筑配件进行检验。部分预埋件在预制构件中属于不可见配件，如 FRP 连接件、桁架式不锈钢连接件等，对其质量现状的检验存在一定的困难，也不能像出厂检验时可以制作平行构件。因此，对于不可见的配件，需要采用破损检验的方式，并结合文件资料检查等，对配件的外观质量、规格数量、安装质量及力学性能进行检验。

7.1 文件资料检查

建筑配件进场检验的文件资料检查主要包括以下内容：

（1）建筑配件的质量证明、出厂合格证、产品说明书、检测报告或认证报告等。

（2）安装图纸及相关文件。

（3）建筑配件安装记录以及相关检查记录文件。

（4）隐蔽的建筑配件应有预制构件厂家提供的生产过程质量控制文件等。

（5）其他相关材料。

检查过程中，如存在资料不齐全的，应要求构件生产厂家补齐相关资料，相关资料齐全后方可进行后续检验。

7.2 外观质量检查

建筑配件进场检验时，配件外观质量检查可按照第 6 章 6.2 节相关规定进行。

7.3 建筑配件类别、数量、规格检验

建筑配件进场检验时，配件的类别、数量、规格的检查可按照第 6 章 6.3 节相关规定进行。

7.4 建筑配件尺寸与偏差检验

建筑配件进场检验时，配件尺寸检验方法及允许偏差可按照第 6 章 6.4 节相关规定进行。

7.5　建筑配件锚固性能检验

建筑配件进场检验时，金属吊装预埋件和临时支撑预埋件的拉拔试验和剪切试验可参考第 6.5.1～6.5.3 节的试验方法，本章不再重复。对于构件中的不可见配件，因为进场检验没有平行构件，因此，本章结合钻芯法对不可见配件进行锚固性能破坏检验。

7.5.1　夹心保温墙板连接件拉拔试验

1. 试验前期芯样制备

夹心保温墙板连接件属于不可见配件，按照第 4.1 节的抽样原则结合钻芯法钻取芯样后进行拉拔试验。

（1）资料准备

采用钻芯法检测结构混凝土强度前，宜具备下列资料：

1）工程名称（或代号）及设计、施工、监理、建设单位名称。

2）构件种类、外形尺寸及数量。

3）设计混凝土强度等级。

4）检测龄期、原材料（如水泥品种、粗骨料粒径等）和抗压强度试验报告。

5）结构或构件质量状况和施工中存在问题的记录。

6）有关的结构设计施工图等。

（2）钻取部位确定

芯样宜在结构或构件的下列部位钻取：

1）结构或构件受力较小的部位。

2）便于钻芯机安放与操作的部位。

3）避开主筋、预埋件和管线的位置。

（3）钻芯施工的注意事项

1）钻芯机就位并安放平稳后，应将钻芯机固定。固定的方法应根据钻芯机的构造和施工现场的具体情况确定。

2）钻芯机在未安装钻头之前，应先通电检查主轴旋转方向（三相电动机）。

3）钻芯时用于冷却钻头和排出混凝土碎屑的冷却水的流量宜为 3～5L/ min。

4）钻取芯样时应控制进钻的速度。

5）芯样应进行标记。当所取芯样高度和质量不能满足要求时，则应重新钻取芯样。

6）芯样应采取保护措施，避免在运输和贮存中损坏。

考虑施工安装误差和后续拉拔、剪切试验的所需要的加载平面，FRP 连接件和针式连接件的芯样截面直径为 200mm，芯样详图如图 7.5-1 所示，不锈钢板式连接件和桁架式不锈钢连接件的芯样截面直径为 350mm，芯样详图如图 7.5-2 和图 7.5-3 所示，连接件芯样如图 7.5-4 所示，连接件取芯过程如图 7.5-5 所示。由于实际工程中墙板大多竖向放置，因此取芯时，墙板可竖向放置进行操作。

2. 试验装置及设备要求

夹心保温墙板连接件拉拔力学性能试验可采用图 7.5-6 所示的试验装置。试验装置包

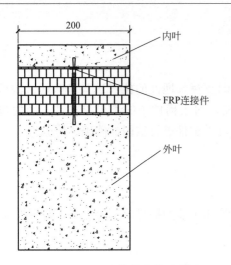

图 7.5-1　FRP 连接件芯样尺寸图
（单位：mm）

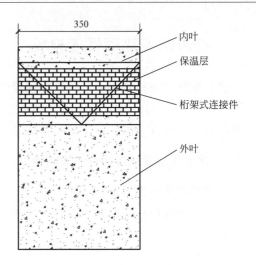

图 7.5-2　桁架式不锈钢连接件芯样尺寸图
（单位：mm）

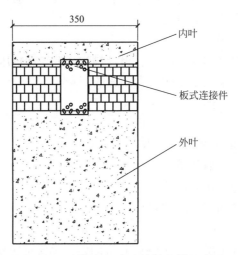

图 7.5-3　不锈钢板式连接件芯样尺寸图

图 7.5-4　连接件芯样图

图 7.5-5　连接件现场取芯图

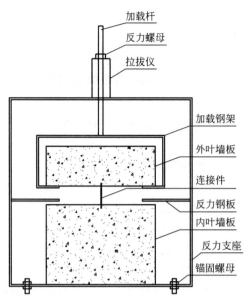

图 7.5-6　试验装置

括加载支座、加载钢架、拉拔仪和反力螺母、反力钢板、反力支座等，反力支座外径应略大于加载钢架的外径；试验装置整体应具有足够的刚度，能够满足试验精度要求和加载要求。

百分表要求：仪器的量程不应小于 50mm；其测量的允许偏差应为±0.02mm。

拉拔仪要求：设备的加载能力应比预计的检验荷载值至少大 20％且不大于检验荷载的 2.5 倍，设备应能连续、平稳、可控地运行；加载设备应能够按照规定的速度加载，测力系统整机允许偏差为全量程的±2％；设备的液压加荷系统持荷时间不超过 5min 时，其降荷值不应大于 5％；加载设备应能保证所施加的拉伸荷载始终与夹心保温墙板连接件的轴线一致。

3. 试验步骤

（1）安装反力支座，通过锚固螺母与地面紧密连接，试件中心与底座中心对中。

（2）安装加载支座，加载支座应该与试件中心、底座中心对中。

（3）安装拉拔仪、加载杆和反力螺母，拉拔仪中心应与加载支座中心对中。

（4）对试件沿轴向连续、均匀加载，直到加载至设计值，并持荷 2min。加载速率控制在 1～3kN/min。加载过程中，加载设备应能保证所施加的拉伸荷载始终与连接件的轴线一致。

4. 检验结果评定

抗拉承载力力学性能检测为承载能力极限检验，力学性能检测结果和合格判定标准如下：对承载能力极限检验，应依据单个试件的试验结果计算连接件的极限抗拉承载力标准值 R_{tk}，R_{tk} 符合式（7.5-1）规定时，检验结果可判定为合格。

$$R_{tk} \geqslant [R_t] \tag{7.5-1}$$

7.5.2　夹心保温墙板连接件剪切试验

当对不可见配件质量存有疑问时，可按照第 4.1 节的抽样原则，结合钻芯法进行配件锚固性能检验。

1. 试验前期准备

夹心保温墙板连接件剪切试验芯样制备可按照第 7.5.1 节相关内容进行制作。

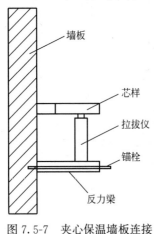

图 7.5-7　夹心保温墙板连接
件抗剪试验

2. 试验装置及安装要求

夹心保温墙板连接件剪切性能试验可采用如图 7.5-7 所示的试验装置。试验装置包括拉拔仪、反力梁、锚栓等。试验装置整体应具有足够的刚度，能够满足试验精度要求和加载要求。

百分表要求：仪器的量程不应小于 50mm；其测量的允许偏差应为 ±0.02mm。

拉拔仪要求：设备的加载能力应比预计的检验荷载值至少大 20％且不大于检验荷载的 2.5 倍，设备应能连续、平稳、可控地运行；加载设备应能够按照规定的速度加载，测力系统整机允许偏差为全量程的 ±2％；设备的液压加荷系统持荷时间不超过 5min 时，其降荷值不应大于 5％；加载设备应能保证所施加的拉伸荷载始终与夹心保温墙板连接件的轴线一致。

3. 试验步骤

（1）清理钻芯后墙板预留孔洞。

（2）在芯样下部 100mm 处安装锚栓和反力梁；反力梁中心与锚栓中心对中且均垂直于墙板。

（3）孔洞中涂刷结构胶，并将芯样放入孔中，芯样位置为内叶混凝土外侧与墙板外侧平齐，芯样与墙板粘结牢固。

（4）安装拉拔仪至反力梁，拉拔仪中心与加载板中心、芯样外叶中心对中。

（5）对试件沿轴向连续、均匀加载，并持荷 2min，观察周围混凝土是否破损以及拉拔仪荷载值是否稳定。

4. 检验结果评定

连接件抗剪力学性能检测为承载能力极限检验，力学性能检测结果和合格判定标准如下：对承载能力极限检验，应依据单个试件的试验结果计算连接件的极限抗剪承载力标准值 R_{vk}，R_{vk} 符合式（7.5-2）规定时，检验结果可判定为合格。

$$R_{vk} \geqslant [R_v] \qquad (7.5\text{-}2)$$

第 8 章　常用建筑配件安装

8.1　金属吊装预埋件安装

8.1.1　双头吊钉安装

如图 8.1-1 所示，双头吊钉可通过与之尺寸匹配的橡胶固定器进行安装，固定器不仅保证了安装位置，同时也保证了预留孔形及嵌入深度。后期吊具可与之完全匹配，吊钉与吊具充分契合，保证了吊装的安全性。橡胶吊钉固定器配有对穿丝杆，通过丝杆与模板牢靠固定后即可准确实现吊钉的安装。钢制吊钉固定器则通过内螺纹与模板（螺杆通过预留孔与固定器实现对穿）进行固定来实现吊钉的安装。该种固定方式比较灵活，固定器也可重复使用。

图 8.1-1　橡胶双头吊钉固定器

采用橡胶双头吊钉固定器时，双头吊钉安装步骤如下：
(1) 将双头吊钉端部卡入橡胶固定器［图 8.1-2（a）］。
(2) 通过模具预留孔安装丝杆并旋紧［图 8.1-2（b）］。
(3) 脱模前旋出固定螺母［图 8.1-2（c）］。
(4) 将钢筋插入固定器两侧预留孔［图 8.1-2（d）］。
(5) 钢筋交叉再用力拔出固定器［图 8.1-2（e）和图 8.1-2（f）］。

双头吊钉可通过与之尺寸匹配的磁吸式双头吊钉固定器（图 8.1-3）进行安装。首先，将磁吸式固定器预先固定在钢模板的既定位置，并涂刷脱模剂，以保证脱模效果。待钢筋作业（含吊钉所需的附加钢筋）完成后，将球头吊钉顶部端头插入磁吸式固定器的槽体内

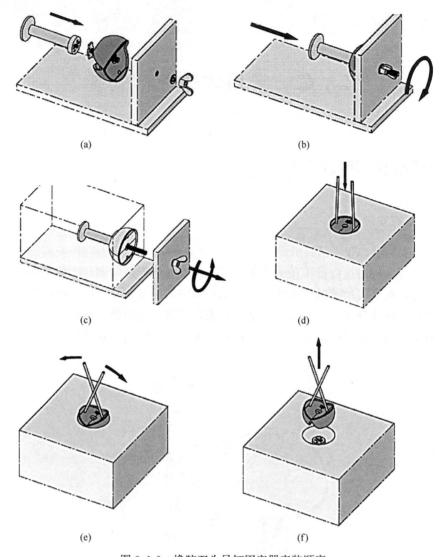

图 8.1-2　橡胶双头吊钉固定器安装顺序

(a) 双头吊钉卡入橡胶固定器；(b) 安装丝杆并旋紧；(c) 旋出固定螺母；
(d) 钢筋插入固定器两侧；(e) 交叉钢筋；(f) 拔出固定器

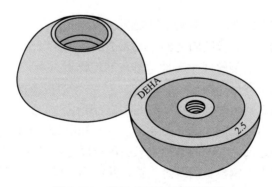

图 8.1-3　磁吸式双头吊钉固定器

侧。脱模时，通常磁吸式固定器会连同模板一起脱离混凝土构件；当磁吸式固定器未脱出时，从固定器背侧拧入螺杆，并将其从混凝土内取出即可。该固定方式无须开孔，安装、使用灵活、高效，固定器也可重复使用。

8.1.2　内螺纹提升板件安装

内螺纹提升板件可通过带有匹配螺杆的塑料或钢制固定器进行安装。塑料吊钉固定器（图 8.1-4）带有钉孔，通过钉子与模板牢靠固定后即可准确实现吊钉的安装。钢制吊钉固定器（图 8.1-5）则通过内螺纹与模板（螺杆通过预留孔与固定器实现对穿）进行固定来实现吊钉的安装。该种固定方式比较灵活，固定器也可重复使用。

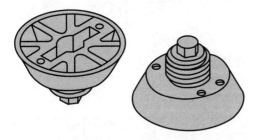

图 8.1-4　塑料内螺纹提升板件固定器　　　　图 8.1-5　钢制内螺纹提升板件固定器

对于普遍采用钢模板的预制构件厂，磁吸式固定器（图 8.1-6）更为灵活、高效。该形式固定器内嵌磁铁，通过磁铁与钢模板的吸力实现固定，可以避免在模板上开孔，大大减少了模板模具的额外作业。

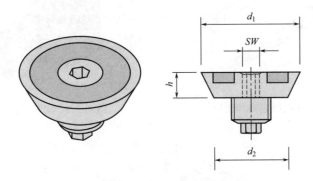

图 8.1-6　磁吸式内螺纹提升板件固定器

内螺纹提升板件常用安装方法有 3 种：

（1）常规固定方法

如图 8.1-7 所示，模板预先设置孔洞，先将螺纹固定器悬入吊钉内，从模板外侧拧入"蝴蝶形"螺杆即可。

（2）销钉固定

销钉固定方法建议混凝土类型为自密实混凝土时采用。

1）将螺纹固定器悬入吊钉内，拧入销钉及密封端盖，如图 8.1-8 所示。

2）将固定器销钉插入模板预留孔洞（直径 8mm），如图 8.1-9 所示。

3）构件脱模时，销钉会自动断裂，内螺纹提升板件预埋安装完成，如图 8.1-10 所示。

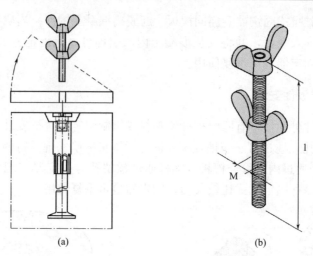

图 8.1-7　内螺纹提升板件常规安装方法

（a）拧入"蝴蝶形"螺杆；（b）"蝴蝶形"螺杆

图 8.1-8　安装螺纹固定器和销钉

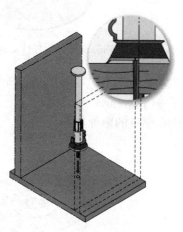

图 8.1-9　安装固定器销钉入模板

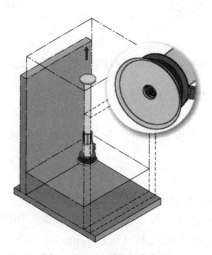

图 8.1-10　脱模安装完成

（3）磁吸式固定

选用磁吸式固定器时，其安装步骤与销钉固定方式类似。在既定位置将磁吸式固定器吸附在钢模板上，直接将吊钉悬入固定器即可，由于磁吸式脱模器与吊具形状完全匹配，避免了吊装部位混凝土局部剥落。为保证脱模效果，建议在磁吸式固定器表面涂抹一层隔离剂。

8.2　夹心保温外墙板连接件安装

8.2.1　FRP 连接件安装

（1）预先钻孔。保温板需要按照设计的位置和尺寸预先进行钻孔，并将连接件穿过保温板装配在预先钻好的孔内。

（2）浇筑外叶墙混凝土（反打工艺）。夹心保温外墙板一般采用卧式生产的方法，外叶墙浇筑的混凝土坍落度以 130～180mm 为宜，初凝时间不早于 45min。MS、MC 系列连接件的锚固性能取决于鸽尾型末端在混凝土中埋深，如果外层混凝土坍落度低，混凝土会在连接件插入时形成孔洞，坍落度低的混凝土很难在鸽尾末端来回流通，即使混凝土在浇筑后振平，仍然有可能不能让所有的连接件达到锚固标准。

（3）安装保温板和连接件。在外叶墙混凝土浇筑完 20min 内，需要在混凝土处于可塑状态时将保温板和连接件铺装到混凝土上，穿过绝热板上的预钻孔插入混凝土的底层，插入时应将连接件旋转 90°，使连接件尾部与混凝土充分接触，直至塑料套圈紧紧顶到挤塑板表面，并到达指定的嵌入深度。对于保温板厚度大于 75mm 的安装过程，必须使用混凝土平板振动器，在保温板上表面对每一个连接件进行振动。

（4）挤密加固。操作人员用脚踩压连接件周围，对连接件周围的混凝土进行挤密加固，并及时对连接件在混凝土中的锚固情况进行专项质量抽查。

（5）专项检查。可分为首次抽查和连续抽查。首先抽查每块保温板两个对角位置的连接件以及每块保温板中间位置的一个连接件来检查嵌入末端（图 8.2-1）。湿水泥浆应当覆盖所有被检查的连接件末端的整个表面。如果检查没有问题，将连接件插回原孔中并再次施加局部压力或者机械振动；如果检查不合格，在绝热板上施加更多压力或在每个连接件上施加更多机械振动。然后再检查该连接件周边更大范围的所有邻近的连接件，直至水泥浆覆盖所有的连接件嵌入末端，如此循环。例如，对一块 3600mm×1800mm 墙板检查图案，第一步对编号为"1"的连接件进行抽检，拔出观察尾部倒角部位是否已经与混凝土接触，如图 8.2-2 中所示，带"×"的连接件末端未被混凝土完全包裹时，应检查该连接件周围相邻的连接件，重复程序。

（6）填补保温板缝隙和空间。在浇筑上层混凝土之前，检查大于 3mm 的保温板缝隙将缝隙和空间按要求注入发泡聚氨酯或采用宽胶带粘贴板缝，以防内叶墙浇筑混凝土时渗入水泥浆，从而导致保温板上浮并引起连接件锚固深度不足。

（7）预备并浇筑内叶墙混凝土。连续浇筑内叶墙混凝土：如果计划在同一个工作日（8 小时）内浇筑内叶墙和外叶墙两层混凝土，就必须控制外叶墙混凝土的初凝时间。内叶墙混凝土的钢筋准备工作和浇筑过程都是十分重要的，如果外叶墙混凝土初凝后，就需要避免工人接触连接件和绝热板。这段时间，如果安装于外叶墙混凝土的连接件移动了，

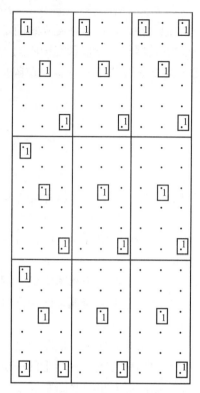

图 8.2-1　首次抽查顺序

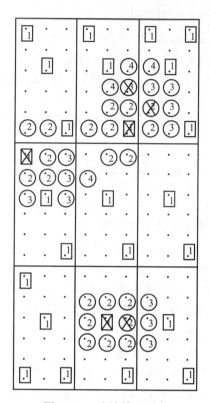

图 8.2-2　连续抽查顺序

对连接件的锚固能力可能会产生负面影响。

非连续浇筑：为了能够安装内叶墙的钢筋、钢筋保护层马凳和其他埋件设施，外叶墙混凝土必须达到设计强度的 25％。影响混凝土强度的主要因素包括时间和周围环境。可以通过对比同条件试块的强度是否达到设计强度的 25％ 来进行判断。

（8）工厂预制。上层混凝土准备的时间和浇筑十分重要。如果两层混凝土在同一天浇筑，一定要在下层混凝土初凝之前安装上层的钢筋、起吊装置和其他预埋件，并浇筑上层混凝土。浇筑上层混凝土至设计厚度后，抹平、养护，并且根据情况对混凝土采取保护措施。

（9）墙板完成脱模。除去墙板边缘多余的混凝土渣来最大程度减小冷热桥，将墙板运输到指定的位置。墙板和模具一起翻身后再起吊构件，如果构件采用平吊出模，应使用外力先顶推构件，使之与模具脱离，从而避免构件与模具之间产生过大的吸附力而导致外叶墙破坏。

8.2.2　桁架式不锈钢连接件安装

1. 安装准备

应提前熟悉连接件布置图，熟悉不锈钢连接件的安装流程及技术要求，了解两侧弦杆在内外叶墙板的锚固深度为 25mm，误差为 ±3mm，首次脱模起吊时的混凝土强度应达到 15MPa。

应提前准备好安装需要的工具和设备，如卷尺、保温板切割用的小刀连接件固定的垫块、混凝土厚度控制的插针等。根据保温墙板连接件图纸，可提前裁切保温板，通常连接件的间距为 500～600mm，可提前采购此宽度模数的保温板，以减少裁切工作量。

2. 桁架式不锈钢连接件的安装流程

桁架式不锈钢连接件主要有两种安装方法，即提前绑扎法和后插入法。受混凝土坍落度及石子粒径的影响，国内目前主要采用提前绑扎法安装。

第 1 步：将提前制作完成的外叶板钢筋网片放入模板内，根据连接件布置图，把连接件绑扎在钢筋网片上，在钢筋网片下面垫上合适的混凝土保护层垫块；由于连接件与钢筋网片绑扎，所以连接件弦杆在外叶板的锚固深度由混凝土保护层垫块控制，故需提前计算；由于连接件与钢筋网的水平筋绑扎，所以钢筋网片双向钢筋的上下顺序也会影响弦杆锚固深度，因此在选用混凝土保护层垫块时需要考虑双向钢筋的上下顺序。例如，60mm 厚外叶板，钢筋网为双向 $\phi6@150$，同时水平筋在上，此时应选用 2cm 厚垫块，可使连接件弦杆在外叶板的锚固深度达到 25mm。

第 2 步：浇筑外叶板混凝土，通过在侧模板上的刻度标记或刻度插针控制外叶板混凝土厚度；由于连接件采用绑扎法，因此外叶板混凝土的精度将会影响连接件弦杆在两侧混凝土板的锚固深度，故需严格控制。待混凝土振捣抄平后，依次放入保温板，两块保温板夹紧连接件，当缝隙过大时，可采用柔性泡沫条嵌缝或者打聚氨酯发泡剂填充。

第 3 步：检查连接件从保温板外露的高度，应为 25mm，即在内叶板的锚固深度。在连接件上弦杆和保温板之间放入垫块，可有效防止连接件倾倒。放入内叶板钢筋及模板，调整内叶板水平筋并搁置在连接件上弦杆上，再安装预埋件，然后浇筑内叶板混凝土。

3. 桁架式不锈钢连接件质量控制要点

连接件尺寸严格按照图纸要求设计，可有效减少缝隙宽度，减少热损失，同时有助于桁架式不锈钢连接件垂直站立。国内通常采用 EPS 和 XPS 保温板，根据不同地域特点，保温层厚度在 30～100mm 之间，在安装保温板和连接件时，可以通过相互挤压使连接件腹杆嵌入保温板，从而有效控制板缝。

桁架式不锈钢连接件单个波段长度为 600mm，即每隔 600mm 有波峰三角凸出弦杆，在连接件与外叶板钢筋网片绑扎过程中，如果有波峰三角与水平筋位置冲突，可沿竖向移动桁架，使波峰三角避开钢筋网的水平筋。通常外叶墙板钢筋间距为 150mm，因此可以通过上述操作使整根连接件上的波峰三角全部避开，无须调整钢筋网，非常方便。

连接件中竖直连接件的锚固深度应满足 25mm±3mm，这样才能保证达到连接件的设计承载力。连接件插入外叶墙板混凝土的深度即为锚固深度，既不能过浅也不能过深，浅了外叶板锚固不足，深了又会造成后续内叶板锚固不足。应控制好外叶墙板的浇筑，浇筑前先算好外叶板的混凝土保护层厚度。以外叶板厚 60mm 配单层钢筋网片双向 $\phi6@150$ 为例，当采用预先固定法安装连接件时，建议采用垫块厚度为 25mm，同时外叶板钢筋水平筋在下、竖向筋在上，最后连接件从保温板外露的高度为 27mm；建议采用垫块厚度为 20mm，同时外叶板钢筋水平筋在下、竖向筋在上，最后连接件从保温板外露的高度可采用卡子控制为 25mm。浇筑外叶板前控制好垫块的厚度，厚度过大将造成连接件插入不足（碰到钢筋网后无法继续插得更深），从而导致锚固深度无法满足。

在保温板铺设完毕后，应在保温板和外露弦杆之间塞入垫块，一方面可使上弦杆在内叶板的锚固深度满足要求，另一方面在浇筑内叶板混凝土时，可有效防止保温板上浮而影响连接件承载力。

8.2.3 不锈钢板式和针式连接件安装

不锈钢连接件安装包括板式连接件和针式连接件两种形式，下面将分别介绍其安装过程。

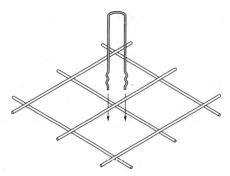

图 8.2-3　N 型连接件的安装

1. 针式连接件的安装

（1）N 型别针的固定

如图 8.2-3 所示，N 型别针安装时，首先应进行混凝土外叶墙板浇筑作业，待夹心墙板用保温板铺设完成后，从保温板上侧插入 N 型别针，将其插至模板底部后再向上略微提起，保证埋设深度不小于 55mm。特别应注意的是，此工序应在混凝土初凝前完成，以保证安装位置及垂直度，确保安装质量。

（2）B 型别针的固定

如图 8.2-4 所示，将限位别针卡入外叶墙钢筋网十字交叉处，并牢靠固定。B 型连接件安装时，首先浇筑混凝土外叶墙，在夹心墙板保温板铺设时应预先开设线槽，使 B 型别针从线槽内穿过。为保证热工性能，该线槽应进行封堵密实，以保证安装位置及垂直度，确保安装质量。

（3）A 型别针的固定

如图 8.2-5 所示，将限位别针插入外叶墙钢筋网十字交叉处，旋转 45°并牢靠固定。A 型别针安装时，首先浇筑混凝土外叶墙，在夹心墙板保温板铺设时可预先开设线槽，也可直接从别针上方直接下按。当开设线槽时，A 型别针从线槽内穿过。为保证热工性能，该线槽应进行封堵密实。限位别针的安装应保证位置满足图纸及垂直度要求，确保安装质量。

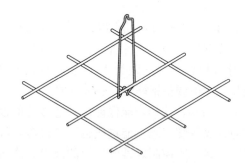

图 8.2-4　B 型连接件的安装

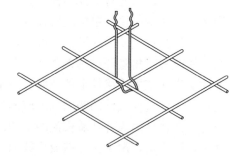

图 8.2-5　A 型连接件的安装

2. 夹心墙板片状连接件的安装

（1）模板钢筋作业

按照图纸要求进行模板、钢筋、预埋管线和预埋件准备作业。

（2）连接件在内叶墙的安装

首先，将两根长度为 400mm 的直钢筋在中间位置弯曲 30°，将弯曲钢筋插入连接件最上面一排圆孔的最外侧孔内。按照夹心墙板设计图纸的位置将片状连接件插入钢筋网片。

根据连接件宽度确定所需穿设的直钢筋数量，从钢筋网片下面将其穿入连接件底侧的圆孔内（图 8.2-6）。其次，将上侧圆孔内的弯曲钢筋（居中）旋转，直至其与钢筋网片接触，并牢靠绑扎在钢筋网上。最后，将穿入下侧圆孔内的直钢筋（居中）牢靠绑扎至钢筋网片上（图 8.2-7），一定要保证位置安装准确。

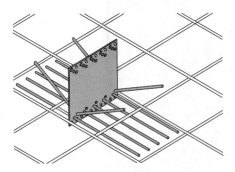

图 8.2-6 附加钢筋穿过连接件

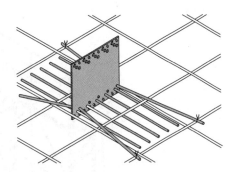

图 8.2-7 附加钢筋与钢筋网片绑扎

（3）浇筑外叶墙混凝土

浇筑外叶墙混凝土时，应保证混凝土振捣密实，待初凝前再次确认连接件安装位置。

（4）铺设保温层

将保温板从连接件上直接下压，使连接件穿透保温层。也可采用条形保温板，使连接件处于保温板拼缝处。铺设保温层时，应保证垂直度及平直度符合设计要求，连接件与保温层间无缝隙，避免出现热桥。缝隙很大时，应采用发泡胶进行封堵。

（5）内叶墙作业

将内叶墙钢筋网片吊装入位后，绑扎连接件附加钢筋，步骤同外叶墙钢筋安装过程。待钢筋管线及其他预埋件作业完毕后，进行混凝土浇筑，确保振捣密实。

（6）混凝土养护

将流水线上的三明治夹心墙板转入养护窑中进行蒸汽养护，确保养护作业符合相关工序要求。

（7）脱模及场内存储

待墙板养护完后，可进行脱模作业（可配合翻转平台）。通过吊车将其转入堆场进行存放，须确保预制墙体支撑牢靠，后期按照工程进度安排运输。

8.2.4 附墙件的避让设计

装配式建筑也离不开高效的现代化安装设备，附着式塔式起重机、爬架、卸料平台的附墙支座应考虑夹心墙板的传力机理，其附着配套设计应保证施工安全。施工规范要求，附着用预留穿墙螺栓孔和预埋件应垂直于工程结构外表面，中心误差应满足设计要求。由于夹心墙板的外叶墙厚度通常为 60～70mm，刚度较小，配套附墙件支座直接依附于外叶墙表面时，其支座反力较大，考虑保温材料的抗压强度也较低，通常条件下，常规的节点做法难以实现既定的安全目标。

以图 8.2-8 所示的爬架为例，建议夹心墙板二次深化设计时，对爬架附墙支座周边（图 8.2-9）投影区域范围内的外叶墙、保温层及内叶墙的穿墙螺栓区域予以避让，尽量减

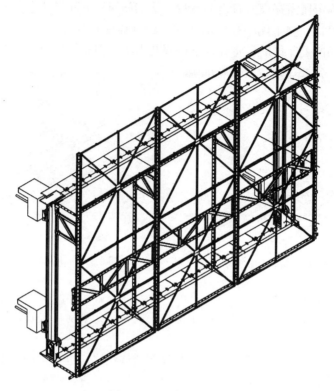

图 8.2-8　爬架示意图

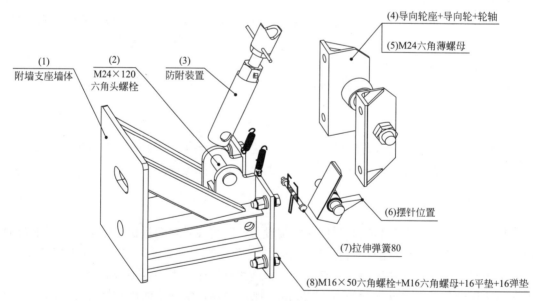

图 8.2-9　爬架附墙支座示意图

小外叶墙及保温层开孔面积，方便后期附墙支座拆除后对墙体进行修补填充，同时避免出现热桥及防水隐患。外叶墙预留孔如图 8.2-10 所示，其采用内大外小的楔形孔，方便后期砂浆抹灰的可靠性和平整度，保证外墙界面剂的效果。

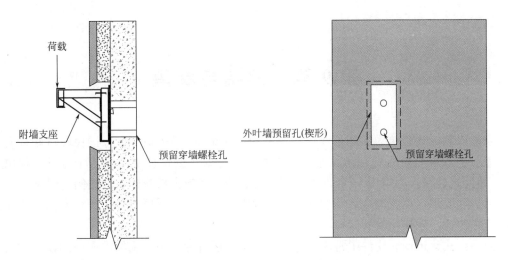

图 8.2-10　外叶墙预留孔示意图

第 9 章　总结与展望

　　发展以装配式建筑为主的工业化建筑是我国建筑业改革的方向,《国民经济和社会发展第十三个五年规划纲要》和《进一步加强城市规划建设管理工作的若干意见》提出了"推广装配式建筑,力争用 10 年左右时间,使装配式建筑占新建建筑的比例达到 30%"的发展目标和要求,在我国今后新型城镇化进程中,以装配式混凝土住宅为代表的工业化建筑将进入快速、规模化发展阶段。

　　对装配式建筑预制构件中常用的连接件,国家现行标准中并未给出明确的设计方法与构造要求。由于缺乏统一的设计与构造技术标准及施工与验收标准,设计人员进行选材设计及验算时只能依赖于厂家的技术手册中提供的设计值与设计方法,施工监理对施工质量的验收与把控也没有根据。同时,我国装配式建筑的基础研究与工程实践不足,质量检测技术手段和验收标准亟需创新与完善;缺乏基础数据和评价体系,无法定量地评价和动态监测工业化建筑的发展水平,因此急需建立一套与装配式建造方式相适应的建筑检测与验收技术标准及评价体系,为提升装配式建筑品质和保证工程质量安全提供技术支撑,实现装配式建筑规模化、高效益和可持续发展。

附录 A　金属吊装预埋件力学性能试验研究

A.1　试件设计

金属吊装预埋件试验方案主要包括双头吊钉和内螺纹提升板件两种类型。试验共设计24 个试件，分别置于 6 个混凝土板之上，金属预埋吊件布置如图 A.1-1 所示。混凝土板尺寸为 1000mm×2000mm×300 mm，底部单层双向钢筋为 φ12@150mm，保护层厚度为30mm，混凝土强度分别为 C40 和 C50。其中抗拉试件为 14 个，抗剪试件为 10 个。内螺纹提升板件高度为 90mm，螺栓直径为 16mm，底部直径为 34mm，其详细尺寸如图 A.1-2所示；双头吊钉顶部直径为 25mm，吊杆直径为 14mm，底部直径为 34mm，长度为170mm，钢材采用 S335J2 基材，详细尺寸如图 A.1-3 所示。内螺纹提升板件埋深为

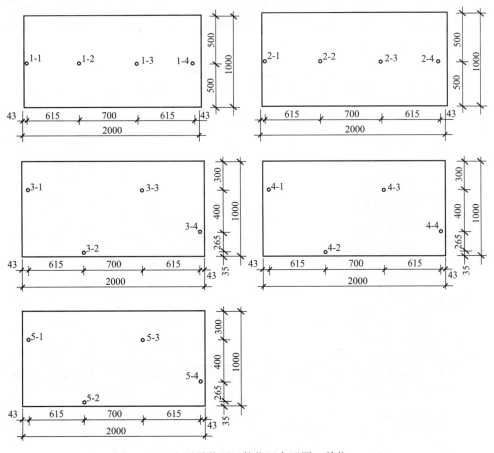

图 A.1-1　金属吊装预埋件位置布置图（单位：mm）

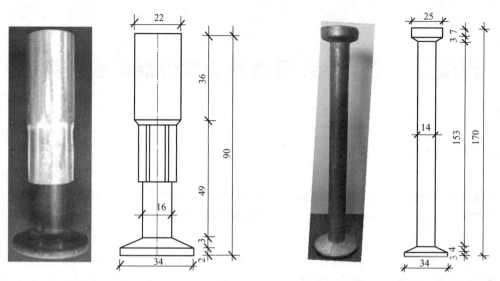

图 A.1-2　内螺纹提升板件尺寸详图（单位：mm）　　图 A.1-3　双头吊钉尺寸详图（单位：mm）

50mm、70mm 和 90mm，吊钉埋深为 140mm。参照美国规范 ACI 318-05 对试件进行设计，试件设计时考虑了破坏范围对相邻试件的影响，试件主要参数见表 A.1-1。试件制作时，首先制作钢模板，并按照试件设计要求安装埋设金属吊装预埋件，之后浇筑混凝土并进行试件的养护，试件制作过程如图 A.1-4 所示。

表 A.1-1　金属吊装预埋件主要参数

分组编号	金属吊装预埋件类型	锚固深度（mm）	直径（mm）	混凝土强度	边缘距离（mm）	试验类型
1-1	内螺纹提升板件	90	16	C40	43	拉拔
1-2	内螺纹提升板件	90	16	C40	500	拉拔
1-3	内螺纹提升板件	70	16	C40	500	拉拔
1-4	内螺纹提升板件	70	16	C40	43	拉拔
2-1	内螺纹提升板件	50	16	C40	43	剪切
2-2	内螺纹提升板件	50	16	C40	500	拉拔
2-3	内螺纹提升板件	90	16	C40	500	剪切
2-4	内螺纹提升板件	90	16	C40	43	剪切
3-1	内螺纹提升板件	70	16	C50	43	剪切
3-2	内螺纹提升板件	90	16	C50	43	拉拔
3-3	内螺纹提升板件	90	16	C50	300	拉拔
3-4	内螺纹提升板件	50	16	C50	43	拉拔
4-1	双头吊钉	140	14	C40	43	拉拔
4-2	双头吊钉	140	14	C40	500	拉拔
4-3	双头吊钉	140	14	C40	500	拉拔
4-4	双头吊钉	140	14	C40	43	拉拔

续表

分组编号	金属吊装预埋件类型	锚固深度（mm）	直径（mm）	混凝土强度	边缘距离（mm）	试验类型
5-1	双头吊钉	140	14	C40	43	剪切
5-2	双头吊钉	140	14	C40	500	剪切
5-3	双头吊钉	140	14	C40	500	剪切
5-4	双头吊钉	140	14	C40	43	剪切

注：表中边缘距离是指螺栓中心与混凝土板两边缘垂直的最短距离。

C40 混凝土中水泥采用普通硅酸盐水泥，强度等级为 42.5MPa，粗骨料采用碎石，细骨料采用中砂，砂率为 0.33，水灰比为 0.38，设计配合比为 $m_水 : m_{水泥} : m_砂 : m_{石子} = 0.38 : 1 : 1.045 : 2.121$。C50 混凝土中水泥采用普通硅酸盐水泥，强度等级为 52.5MPa，细骨料采用中砂，粗骨料采用碎石，砂率为 0.32，水灰比为 0.39，设计配合比为 $m_水 : m_{水泥} : m_砂 : m_{石子} = 0.39 : 1 : 1.029 : 2.24$，在浇筑混凝土时，每个试件留置 1 组混凝土标准试块，并进行同条件养护。测得混凝土立方体抗压强度平均值分别为 42.5MPa 和 52MPa。采用标准试验方法针对钢材进行拉伸试验，测得钢材的屈服强度为 429MPa、抗拉强度为 556MPa，延伸率为 29%。

(a)   (b)

(c)

图 A.1-4   试件制作过程图
（a）金属吊装预埋件埋设；（b）混凝土浇筑；（c）试件制作完成

A.2   加载方案

试验加载采用自平衡装置。加载装置采用 ZY 型锚杆拉力机加载，加载设备量程为 300kN。采用荷载大小控制方法分级加载。抗拔试验装置如图 A.2-1 所示，包括加载支座、球型连接件、反力螺母、加载杆、穿心千斤顶等。抗拔试验装置中，为避免1.5倍埋深范围内的混凝土受影响，制作了如图A.2-1所示的加载支座。抗剪试验装置如图A.2-2所示，主要包括加载梁、穿心千斤顶、反力螺母、加载杆、加载板等。为防止混凝土局部压溃，在加载横梁与混凝土之间设置图A.2-2中所示的钢板，以减小钢板与混凝土之间的应力集中。

图A.2-1 抗拉试验装置

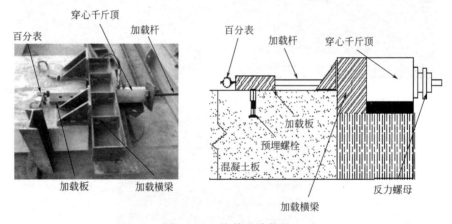

图A.2-2 抗剪试验装置

金属吊装预埋件拉拔和剪切试验为单向静力加载，在加载前，先施加一个不超过预估极限荷载5%的预加荷载，以消除试验装置或紧固件间的空隙。每级荷载值取为各组试件预估极限荷载的10%，当混凝土发生崩裂或者千斤顶无法持荷时，表明试件破坏，可停止试验。

A.3 量测内容

试验中测量了加载点的荷载大小 F 和螺栓位移变化 s，加载点荷载大小通过千斤顶数字显示器直接读取，螺栓位移变化通过百分表量测，百分表量程为 10mm。

A.4 试验结果

1. 内螺纹提升板件

内螺纹提升板件破坏形态包括混凝土劈裂破坏、混凝土锥体破坏、混凝土边缘受剪破坏等，其详细极限承载力大小及破坏形态详见表 A.4-1。

表 A.4-1 内螺纹提升板件极限承载力大小及破坏形态

试件编号	锚固深度（mm）	混凝土强度	边缘距离（mm）	试验类型	破坏形态	极限承载力（kN）
1-1	90	C40	43	拉拔	混凝土劈裂破坏	68.1
1-2	90	C40	500	拉拔	混凝土锥体破坏	82.2
1-3	70	C40	500	拉拔	混凝土锥体破坏	63.8
1-4	70	C40	43	拉拔	混凝土劈裂破坏	42.7
2-1	50	C40	43	剪切	混凝土边缘受剪破坏	8.6
2-2	50	C40	500	拉拔	混凝土锥体破坏	41.5
2-3	90	C40	500	剪切	钢材破坏	—
2-4	90	C40	43	剪切	混凝土边缘受剪破坏	10.2
3-1	70	C50	43	剪切	混凝土边缘受剪破坏	10.2
3-2	70	C50	43	拉拔	混凝土劈裂破坏	54.2
3-3	90	C50	300	拉拔	混凝土锥体破坏	103.4
3-4	50	C50	43	剪切	混凝土边缘受剪破坏	8.3

内螺纹提升板件拉拔试件破坏过程大致相同。以试件 1-2 为例说明锥体破坏特征，当荷载增大至 95kN 时，在螺栓根部首先出现混凝土裂缝并逐渐向外发展，随着荷载的不断增大，螺栓根部其他部位相继出现裂缝并不断向外发展；当荷载增大至 110kN 时，千斤顶无法继续持荷，混凝土破坏，锥体破坏直径大约为 280mm。从混凝土开裂至整体破坏这一阶段，时间较短，裂缝开展很快，如图 A.4-1 所示。

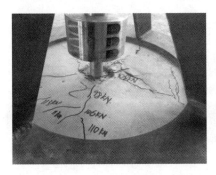

图 A.4-1 混凝土锥体破坏形态

以试件 1-1 为例说明混凝土劈裂破坏形态，临近极限荷载时，开始在螺栓根部垂直于混凝土边缘方向出现裂缝并延伸至侧面；随着荷载的不断增大，在螺栓根部其他部位出现混凝土裂缝并向径向发展；达到极限状态时，侧面混凝土开裂深度为 88mm，开裂长度约为 400mm。

以试件 2-1 为例说明混凝土边缘受剪破坏形态，临近极限状态时，裂缝首先在螺栓根部中间部位出现，并逐渐向边缘延伸，左右两侧裂缝长度基本相同，约为 125mm，同时在侧面混凝土出现平行于混凝土边缘的裂缝，侧面混凝土开裂深度约为 71mm。

2. 双头吊钉

表 A.4-2 中给出了双头吊钉极限承载力大小及破坏形态。由表可知，试件破坏形态均为钢材破坏，双头吊钉屈服荷载大约为 60kN，极限承载力大小约为 83kN，双头吊钉的吊件安全系数大约为 3.3。

表 A.4-2 双头吊钉抗拉承载力大小、破坏形态及安全系数

试件编号	破坏形态	屈服荷载（kN）	屈服应力（MPa）	极限荷载（kN）	极限应力（MPa）	吊件安全系数（极限荷载/额定起重量）
4-1	钢材破坏	62	403	87	565	3.48
4-2	钢材破坏	61	396	83	539	3.32
4-3	钢材破坏	63	409	84	546	3.36
4-4	钢材破坏	60	390	86	559	3.44
5-1	钢材破坏	62	403	87	565	3.48
5-2	钢材破坏	61	396	83	539	3.32
5-3	钢材破坏	63	409	84	546	3.36
5-4	钢材破坏	60	390	86	559	3.44

附录 B FRP 连接件力学性能试验研究

B.1 试件设计

FRP 连接件为夹心保温墙板中常用的连接件形式之一，其主要优点在于施工方便，热工性能良好，同时其应用的成熟度相对较高。对预埋在混凝土中的不同型号 FRP 连接件进行了试验研究，其中拉拔试验采用的 FRP 连接件型号为 MC15/40，剪切试验采用的 FRP 连接件型号包括 MC 10/25、MC15/40、MC 20/50、MC 25/60 和 MC70，连接件详细尺寸见表 B.1-1 和如图 B.1-1 所示。

表 B.1-1 试验所用 FRP 连接件型号及尺寸

连接件型号	$L1$(mm)	$L2$(mm)	$L3$(mm)	L(mm)	$D1$(mm)	$D2$(mm)
MC 10/25	43	25	51	127	10	8
MC15/40	43	40	51	142	10	8
MC 20/50	43	50	51	152	10	8
MC 25/60	43	60	51	162	10	8
MC70	43	70	51	172	10	8

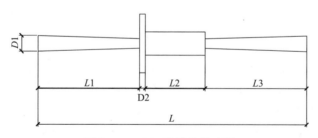

图 B.1-1 FRP 连接件尺寸图

FRP 拉拔试件上下端混凝土部分尺寸为 $150\text{mm} \times 150\text{mm} \times 175\text{mm}$，预埋 T 形钢筋直径为 16mm，强度等级为 HRB400，钢筋在混凝土中的埋深为 75mm，FRP 连接件埋深分别为 31mm、41mm 和 51mm，混凝土强度分别为 C30 和 C40，拉拔试件详细参数见表 B.1-2，拉拔试件详细尺寸如图 B.1-2 所示。

表 B.1-2 FRP 拉拔试件参数

试件编号	混凝土强度	埋深(mm)	连接件型号	设计荷载(kN)
T1	C40	31	MC15/40	3.9
T2	C40	41	MC15/40	9.0

试件编号	混凝土强度	埋深(mm)	连接件型号	设计荷载(kN)
T3	C40	51	MC15/40	10.3
T4	C30	31	MC15/40	4.8
T5	C30	41	MC15/40	10.3
T6	C30	51	MC15/40	10.3

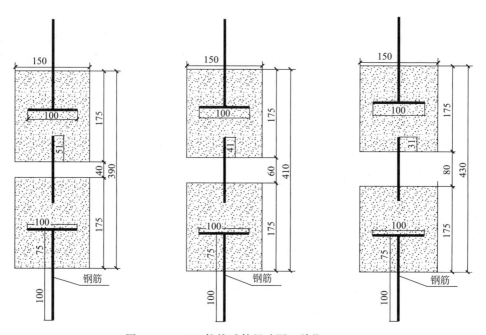

图 B.1-2　FRP 拉拔试件尺寸图（单位：mm）

　　FRP 抗剪试验试件尺寸包括 200mm × 200mm × 350mm 和 250mm × 250mm × 350mm，尺寸可根据保温层厚度确定，保温层厚度包括 25mm、40mm、50mm、60mm 和 70mm。混凝土强度等级为 C40，上、下层混凝土之间的距离应满足试件剪切变形要求，剪切试件详细参数见表 B.1-3，剪切试件详细尺寸如图 B.1-3 所示。

表 B.1-3　FRP 剪切试件参数

试件编号	连接件型号	保温层厚度(mm)	混凝土强度	埋深(mm)
S1	MC 10/25	25	C40	51
S2	MC15/40	40	C40	51
S3	MC 20/50	50	C40	51
S4	MC 25/60	60	C40	51
S5	MC70	70	C40	51

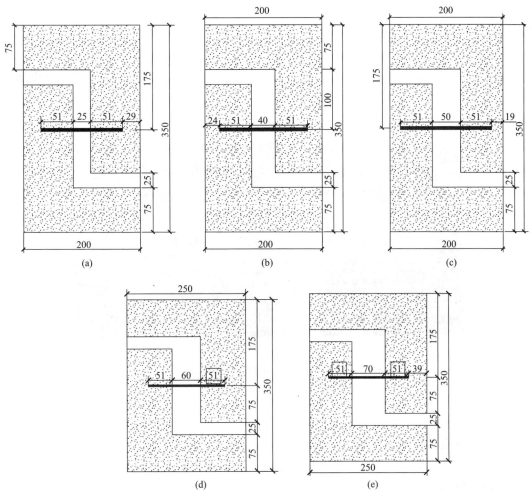

图 B.1-3 FRP 连接件剪切试件（单位：mm）

（a）保温 25mm；（b）保温 40mm；（c）保温 50mm；（d）保温 60mm；（e）保温 70mm

FRP 连接件试件制作过程如图 B.1-4 所示。

图 B.1-4 FRP 连接件试件制作过程

（a）模板制作；（b）混凝土浇筑

B.2 加载装置及量测内容

如图 B.2-1 所示，采用万能拉力机进行拉拔试验，采用 YAR-2000 微机控制电液伺服压力试验机进行剪切试验，最大压力为 2000kN，活塞行程为 200mm，压盘尺寸为 520mm×520mm。

(a)　　　　　　　　　　　　　　　(b)

图 B.2-1　FRP 连接件拉拔、剪切试验

（a）FRP 连接件拉伸试验；（b）FRP 连接件剪切试验

B.3 试验结果

1. 破坏形态

FRP 连接件拉拔和剪切破坏形态详见第 3.2.3 节。

2. 荷载-位移曲线

图 B.3-1 给出了不同保温层厚度 FRP 连接件荷载-位移曲线。图中 45-40 代表埋深为

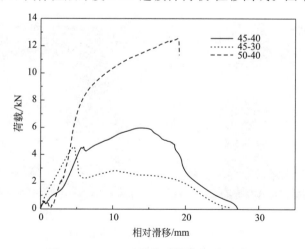

图 B.3-1　FRP 连接件受拉荷载-位移曲线

45mm、混凝土强度为 C40。根据图 B.3-1 的试验结果，当埋深为 50mm、混凝土强度为 C40 时，FRP 连接件发生材料破坏，抗拉强度为 12.8kN；同时，当连接件发生拔出破坏时，抗拉强度随着混凝土强度的增加而不断增大。

图 B.3-2 给出了不同保温层厚度 FRP 连接件抗剪承载力。图中 30 代表保温层厚度，根据图 B.3-2 的试验结果，随着保温层厚度的增大，连接件极限承载力逐渐减小，其主要原因在于随着保温层厚度的增大，嵌固端截面弯矩逐渐增大，连接件截面正应力逐渐增大，截面在正应力和剪应力的共同作用下达到极限破坏状态。

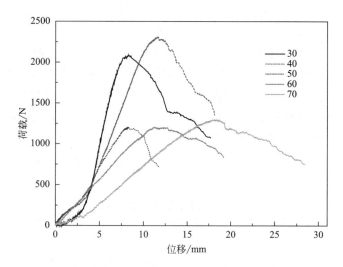

图 B.3-2　FRP 连接件受剪荷载-位移曲线

附录 C 桁架式不锈钢连接件力学性能试验

C.1 试件设计

试验对桁架式不锈钢连接件进行试验研究及力学性能分析。对于桁架式不锈钢连接件，主要考虑不同保温层厚度的影响，对桁架式不锈钢连接件受拉和压剪试件的力学性能进行试验研究。试验共采用 3 种型号的桁架式不锈钢连接件，连接件尺寸详见表 C.1-1 和如图 C.1-1 所示；试件设计尺寸如图 C.1-2 和 C.1-3 所示。对于拉拔试件，上板尺寸为 $150mm \times 150mm \times 1400mm$，下板尺寸为 $80mm \times 900mm \times 1400mm$。对于剪切试件，上板尺寸为 $80mm \times 600mm \times 1400mm$，下板尺寸为 $100mm \times 600mm \times 1700mm$。桁架筋式连接件试件详细参数详见表 C.1-2。

表 C.1-1 桁架式不锈钢连接件尺寸

连接件类型	$L1(mm)$	$L2(mm)$	$L3(mm)$	$L(mm)$	$H(mm)$
PD100	300	600	300	1200	100
PD120	300	600	300	1200	120
PD140	300	600	300	1200	140

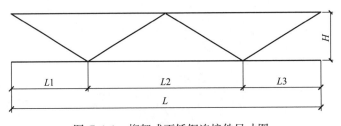

图 C.1-1 桁架式不锈钢连接件尺寸图

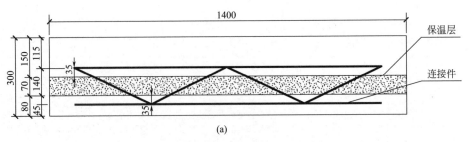

图 C.1-2 桁架式不锈钢连接件拉拔试件尺寸和三维视图（一）

（a）桁架式不锈钢连接件拉拔试件尺寸图

150

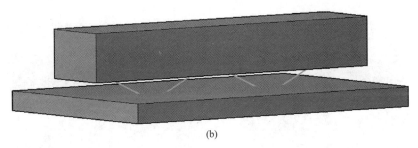

（b）

图 C.1-2   桁架式不锈钢连接件拉拔试件尺寸和三维视图（二）

（b）桁架式不锈钢连接件拉拔试件三维视图

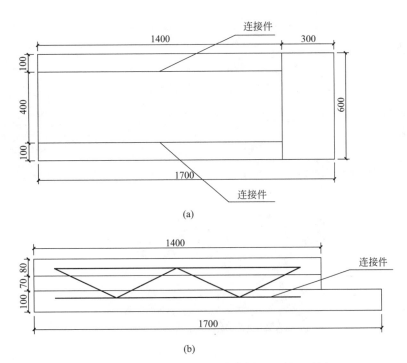

（a）

（b）

图 C.1-3   桁架式不锈钢连接件剪切试件尺寸图

（a）平面图；（b）立面图

表 C.1-2   桁架式连接件试件参数

试件类型	混凝土强度	内叶板埋深（mm）	外叶板埋深（mm）	保温层厚度（mm）	试件个数	连接件类型	试验类型
T1	C30	35	35	70	2	PD140	拉拔
S100	C30	35	35	30	1	PD100	剪切
S120	C30	35	35	50	1	PD120	剪切
S140	C30	35	35	70	1	PD140	剪切

试件制作时，首先按照试件尺寸制作模具，之后安装上下板中钢筋和连接件并粘贴相应位置的应变片，浇筑下板混凝土，待混凝土具有一定强度后制作上板模具，浇筑上板混凝土并进行养护，试件制作完成，试件制作过程如图 C.1-4 所示。

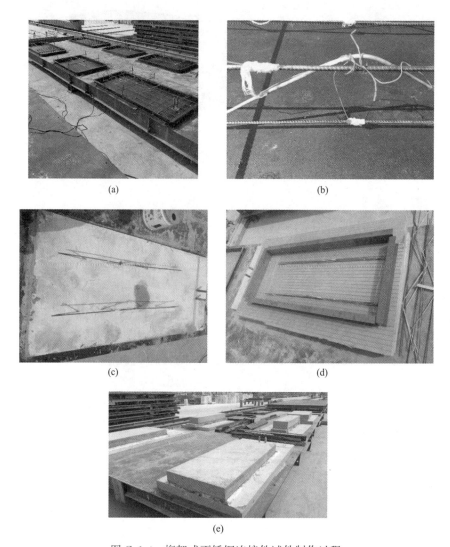

(a) (b)

(c) (d)

(e)

图 C.1-4 桁架式不锈钢连接件试件制作过程

（a）连接件布置及钢筋绑扎；（b）粘贴应变片；（c）下板混凝土浇筑；（d）上板制作；（e）试件制作完成

C.2 加载制度和量测内容

拉拔试验加载采用自平衡装置，如图 C.2-1 所示。加载装置采用 ZY 型锚杆拉力机加载，加载设备量程为 60kN。采用荷载大小控制方法加载。加载方式为分级加载。拉拔试验装置中在加载上板打入两个膨胀螺栓，间距为 500mm，以实现上板的整体提升，同时，加载上板、膨胀螺栓的埋深及直径应满足加载要求。抗剪试验装置如图 C.2-2 所示，为防止混凝土局部压溃，在千斤顶与混凝土之间设置图中所示的加载钢板，以减小钢板与混凝土之间的应力集中。在试验平台上焊接反力架，以提供试验所需的反力。试验为单向静力加载，在加载前，先施加一个不超过预估极限荷载 5% 的预加荷载，消除试验装置或紧固件间的空隙。加载采用分级加载，每级荷载值取为各组试件预估极限荷载的 10%，当混凝

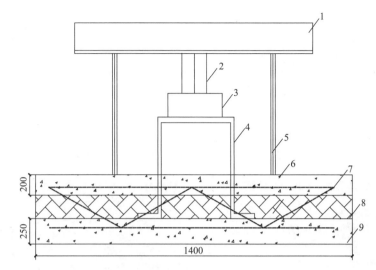

图 C.2-1 桁架式不锈钢连接件拉拔试验装置（单位：mm）

1—反力梁；2—拉拔仪；3—反力支座；4—加载支座；5—加载杆；6—混凝土上板；

7—桁架式连接件；8—保温层；9—混凝土下板

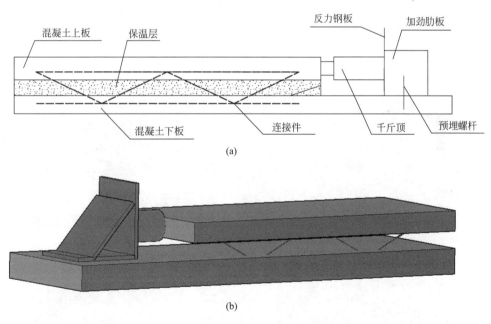

图 C.2-2 桁架式不锈钢连接件剪切试验装置

（a）桁架式不锈钢连接件剪切试验装置；（b）桁架式不锈钢连接件剪切试验装置三维视图

土发生崩裂或者千斤顶无法持荷时，表明试件破坏，可停止试验。

桁架式连接件拉拔试验中测量了加载点的荷载大小 F 和上板的位移变化 S，加载点荷载大小通过千斤顶数字显示器直接读取，连接件位移变化通过百分表量测，百分表量程为 10mm。在抗拔试验装置中，混凝土上板两侧分别布置百分表，上板的位移取两侧百分表读数的平均值。

C.3 试验结果

1.破坏形态

桁架式不锈钢连接件拉拔试件破坏形态和剪切试件破坏形态分别如图 C.3-1 和图 C.3-2 所示。从图 C.3-1 可看出，拉拔试件最终破坏形态为腹杆受拉屈服，同时，在上下弦节点处出现部分混凝土的崩裂。从图 C.3-2 中可看出，剪切试件最终破坏形态均为腹杆受压及受拉屈服破坏，在剪切荷载作用下，连接件破坏形态均为腹杆的屈服破坏。

(a)　　　　　　　　　　　　(b)

图 C.3-1　拉拔试件破坏形态

（a）下弦混凝土崩裂；（b）上弦混凝土崩裂

(a)　　　　　　　　　　　　(b)

(c)　　　　　　　　　　　　(d)

图 C.3-2　剪切试件破坏形态

（a）S-120 试件受压腹杆屈服破坏；（b）S-120 整体破坏形态；
（c）S-140 试件受拉腹杆屈服破坏；（d）S-100 试件受拉腹杆屈服破坏

2. 荷载-位移曲线

由图 C.3-3 可知，压剪试件 S-140、S-120 和 S-100 随着保温层厚度的增大，水平抗剪承载力逐渐减小，其主要原因在于随着保温层厚度的增大，连接件腹杆所承受的弯矩逐渐增大，在弯剪复合受力情况下，腹杆最先达到极限状态，同时，上、下弦杆承受的荷载相对较小。图 C.3-3 中 h 为连接件高度。

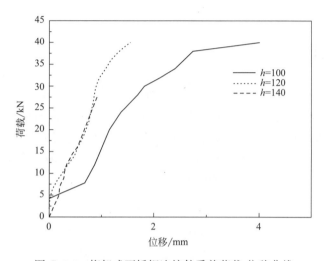

图 C.3-3 桁架式不锈钢连接件受剪荷载-位移曲线

附录 D 不锈钢板式连接件力学性能试验

D.1 试件设计

试验主要对不同保温层厚度连接件力学性能进行试验研究，共设计 3 组连接件拉拔试件 T1～T3 和 3 组剪切试件 S1～S3，每组 3 个试件，试件保温层厚度分别为 65mm、90mm 和 115mm，试件详细参数见表 D.1-1；试件中采用的连接件为德国哈芬（HAFEN）公司生产的不锈钢板式连接件 SP-FA-1-175、SP-FA-1-200 和 SP-FA-1-225，连接件宽度为 80mm，厚度为 1.5mm，其尺寸如图 D.1-1 所示。

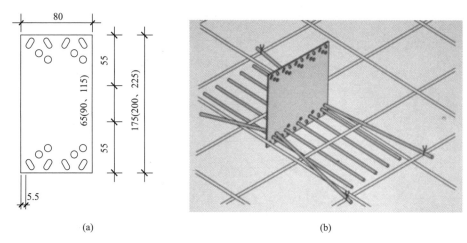

图 D.1-1 不锈钢板式连接件尺寸及构造图（单位：mm）

(a) 连接件尺寸图；(b) 连接件构造图

拉拔试件上下两层混凝土板尺寸均为 600mm×600mm×150mm，混凝土强度等级为 C35，均配置 φ8@200 单层双向分布筋；连接件在上、下两层混凝土板中的锚固深度均为 55mm，每个试件中设置一个标准连接件；为方便观察试验现象及连接件实际受力情况，试件制作完成后，剔除保温层，拉拔试件详图如图 D.1-2 所示。

不锈钢板式连接件剪切试验采用双剪试验方法，共设计 3 组连接件剪切试件 S1～S3，每组 3 个试件，依据上海市地标《预制混凝土夹心保温外墙板应用技术标准》DG/TJ 08—2158—2017 对试件尺寸进行设计，外侧墙板的厚度均为 70mm，中间层混凝土板厚度为 140mm，板长度为 1000mm，墙板中不锈钢板式连接件间距为 500mm，保温层厚度分别为 65mm、90mm 和 115mm，每个试件中共包括 4 个连接件，试件详细参数见表 D.1-1，剪切试件详见如图 D.1-3 所示。

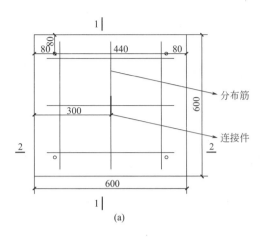

(a)

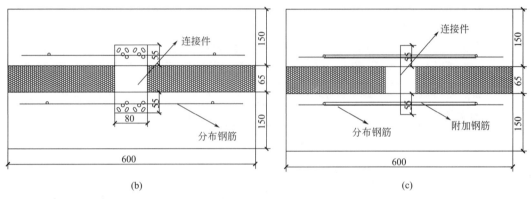

(b)　　　　　　　　　　　　　　　　　　　　(c)

图 D. 1-2　不锈钢板式连接件拉拔试件尺寸图（单位：mm）

(a) 平面图；(b) 截面 1-1；(c) 截面 2-2

表 D. 1-1　连接件试件主要参数

试件编号	混凝土强度	保温层厚度(mm)	试件个数	试验类型
T1	C35	65	3	拉拔
T2	C35	90	3	拉拔
T3	C35	115	3	拉拔
S1	C35	65	3	剪切
S2	C35	90	3	剪切
S3	C35	115	3	剪切

混凝土实测抗压强度标准值为 46MPa，钢筋和钢材材料的力学性能见表 D. 1-2。连接件与内外墙板的构造连接是决定夹心保温墙板连接件力学性能的关键，重点问题在于提高连接件在混凝土中的锚固性能。为增强连接件与混凝土之间的锚固性能，板式连接件产品构造如图 D. 1-1 所示，在板式连接件上预留双排孔洞，绑扎内外叶墙板钢筋时，在孔洞内穿过长度不小于 400mm、直径为 6mm 的附加钢筋，同时上、下孔内附加钢筋分别从墙板分布钢筋上、下侧穿过，并与分布钢筋绑扎牢固。

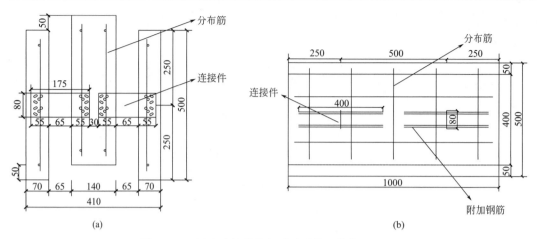

图 D.1-3　板式连接件剪切试验试件（单位：mm）

(a) 侧立面图；(b) 平立面

表 D.1-2　试件材料力学性能

材料类别	弹性模量（MPa）	屈服强度（MPa）	抗拉强度（MPa）
1.5mm 连接件钢板	1.90×10^5	556	852
$\phi 8$ 钢筋	2.03×10^5	400	540

D.2　加载方案与量测内容

拉拔试件制作过程中，板的角部预埋支撑钢筋和平角螺母，通过连接板将平角螺母与试件相连，之后切除支撑钢筋，这时作动器和百分表分别记录此时的荷载和位移大小。之后，应用 MTS 液压伺服作动器施加单向静力荷载，加载方式为连续加载，试验装置如图 D.2-1 所示。荷载采用位移控制的方法，试验过程中量测荷载大小以及位移的相对变

图 D.2-1　拉拔试验现场装置

化，并对连接件钢板薄弱处钢材的应变进行了监测，当试件无法持荷时，停止试验。

剪切试件制作过程中，预留吊钩直接穿过墙板，用于承受中间墙板的自重。试验时，首先将墙板安装就位，如图 D.2-2 所示，同时在中间墙板下部安装压力传感器，之后切断吊钩，记录此时传感器和位移计读数；移除压力传感器，在中间墙板施加轴向压力，荷载大小采用位移控制的方法，当试件不能继续承载时，停止试验。试验过程中采用如图 2-3 所示的位移计采集内、外叶墙板的相对位移，通过作动器上的传感器采集剪切荷载大小。

图 D.2-2 剪切试验现场装置

D.3 试验结果

1. 破坏形态和极限承载力

不锈钢板式连接件抗拉承载力及破坏形态详见表 D.3-1 和如图 D.3-1 所示。

表 D.3-1 连接件抗拉试验承载力及破坏形态

试件编号	抗拉承载力（kN）				破坏形态
	试验值	均值	计算值	误差（%）	
T1-1	41.2		44.3	7.5	混凝土锥体破坏
T1-2	42.4	41.4	44.3	4.5	混凝土锥体破坏
T1-3	40.5		44.3	9.3	混凝土锥体破坏
T2-1	44.7		44.3	−1.0	混凝土锥体破坏
T2-2	43.6	43.6	44.3	1.6	混凝土锥体破坏
T2-3	42.6		44.3	4.0	混凝土锥体破坏
T3-1	41.6		44.3	6.5	混凝土锥体破坏
T3-2	42.3	42.4	44.3	4.7	混凝土锥体破坏
T3-3	43.3		44.3	2.3	混凝土锥体破坏

注：误差（%）＝（计算值−试验值）/试验值。

图 D.3-1　部分板式连接件拉拔荷载破坏形态

（a）试件 T1-1；（b）试件 T1-2；（c）试件 T2-1；（d）试件 T2-2

不锈钢板式连接件抗剪承载力及破坏形态详见表 D.3-2 和如图 D.3-2 所示。

表 D.3-2　连接件抗剪试验承载力及破坏形态

试件编号	抗剪承载力（kN）				破坏形态
	试验值	均值	计算值	误差（%）	
S1-1	17.6		13.7	−22.2	钢板屈服
S1-2	16.4	16.1	13.7	−16.4	钢板屈服
S1-3	14.4		13.7	−5.1	钢板屈服
S2-1	11.2		9.9	−11.6	钢板屈服
S2-2	10.6	11.5	9.9	−3.9	钢板屈服
S2-3	12.9		9.9	−23.2	钢板屈服
S3-1	7.2		7.7	6.9	钢板屈服
S3-2	7.9	7.7	7.7	−8.3	钢板屈服
S3-3	8.1		7.7	−11.5	钢板屈服

注：1.计算值依据第3章公式计算得出，钢板的抗剪强度取钢材屈服强度。
　　2.误差=（计算值−试验值）/试验值。

2. 荷载-位移曲线

根据图 D.3-3 给出的不同保温层厚度试件荷载-位移曲线可知，加载初期，曲线近似为一条直线，试件基本处于弹性阶段，随着荷载的不断增大，混凝土内部损伤逐渐增大，

160

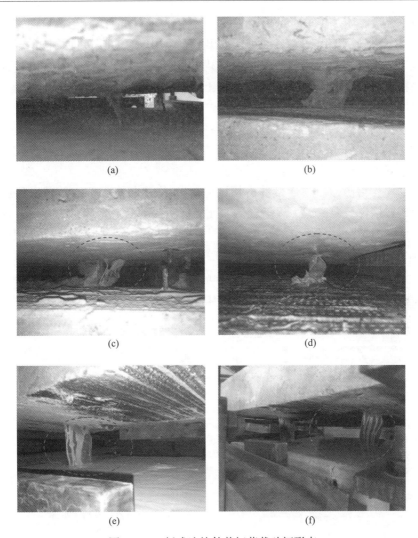

图 D.3-2　板式连接件剪切荷载破坏形态

（a）试件 S1-1；（b）试件 S1-2；（c）试件 S2-1；（d）试件 S2-2；（e）试件 S3-1；（f）试件 S3-2

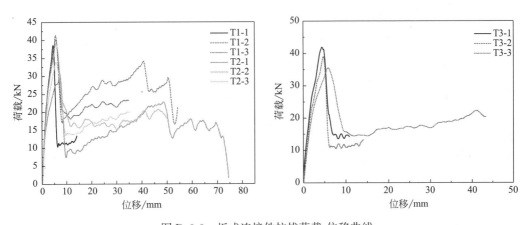

图 D.3-3　板式连接件拉拔荷载-位移曲线

试件达到极限强度，附加钢筋上部混凝土发生锥体破坏，同时混凝土被拉溃，曲线进入下降阶段，试件宣告破坏。由图 D.3-3 可以得出，保温层厚度对连接件抗拉承载力的影响较小。通过上述分析可知，板式连接件抗拉承载力主要是由混凝土和附加钢筋两部分组成，因此，影响其拉拔承载力因素主要包括混凝土强度、附加钢筋屈服强度以及连接件埋深，而保温层厚度对其影响相对较小。此时，抗拔试件中的连接件测点应变大约为 $2200\mu\varepsilon$，表明连接件尚未达到屈服。同时，从图中的曲线可以看出，当构件承载力下降到 10kN 时，荷载-位移曲线近似为一条直线，说明板式连接件具有良好的安全储备，在破坏之后具有一定的剩余承载力。

根据图 D.3-4 给出的板式连接件剪切试件荷载-位移曲线可知，随着保温层厚度的不断增大，板式连接件抗剪承载力逐渐降低。连接件主要承受弯矩和剪力作用，连接件截面处于弯剪复合受力情况。当保温层厚度较小时，截面主要承受剪应力作用，弯矩引起的正应力相对较小。随着保温层厚度的增大，连接件钢板截面承受的弯矩逐渐增大，截面正应力所占的比重逐渐增大，破坏承载力主要由截面弯矩控制，弯矩随着保温层厚度的增大而逐渐变大，因此，板式连接件极限承载力随着保温层厚度的增大而逐渐减小。

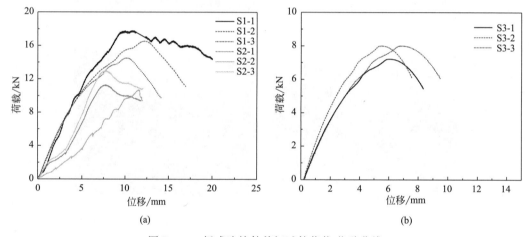

图 D.3-4　板式连接件剪切试件荷载-位移曲线

(a) 试件 S1 和 S2；(b) 试件 S3

附录 E 夹心保温墙板连接件抗剪试验装置

E.1 设备用途

预制混凝土夹心保温外挂墙体具有承重、保温与装饰一体化的优点，可实现保温体系与主体结构同寿命。保温连接件是实现内外叶预制混凝土板良好连接、保证外墙板具有良好受力性能的关键部件，而在使用过程中，抗剪切强度是非常重要的力学性能参数指标之一，如对其抗剪性能不了解，则存在较大的工程隐患。因此，对预制夹心保温墙板中保温连接件抗剪试验设备存在需求，本设备主要依据《预制混凝土夹心保温外墙板应用技术标准》DG-TJ 08—2158—2017 进行制作，同时设备考虑了混凝土自重在测试过程中对结果的影响。

E.2 设备组成

本试验设备主要用于预制混凝土夹心保温外墙板连接件剪切承载力测试，包括加载梁、千斤顶、地梁、反力梁、立柱、节点板、连接件及可调节螺母。保温外墙板的两侧和中部混凝土之间采用连接件连接；反力梁和立柱之间采用固定连接，立柱和地梁之间采用可调节螺母连接，反力梁、立柱、节点板及地梁共同组成反力架，试件安放在反力架中，调节立柱与地梁间的可调节螺母可调整两个地梁之间的间距，从而能够适用于不同保温层厚度的试件。

如图 E.2-1 所示，试验设备主要包括反力梁 1、千斤顶 2、加载梁 3、试件 4、两根立

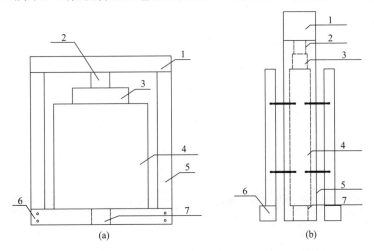

图 E.2-1 夹心保温墙板连接件抗剪承载力试验设备图

(a) 检测设备立面图；(b) 检测设备剖面图

1—反力梁；2—千斤顶 2；3—加载梁；4—试件；5—立柱；6—地梁；7—千斤顶 1

柱 5、两根地梁 6、千斤顶 7、两个钢板、连接件及可调节螺母。反力梁、加载梁及立柱截面为方钢管，截面尺寸均为 150mm×150mm×3mm，长度均为 1500mm。

E.3 设备使用方法

（1）安装两根地梁和两侧立柱，根据保温层厚度调整地梁之间的距离，同时保证地梁与立柱之间牢固连接。

（2）为避免中间层混凝土板在自重作用下产生滑移，应提前在该层混凝土板底部（中部）提前放置千斤顶 1（平衡用），如图 E.2-1（b）所示。调整千斤顶的高度，使其与两侧固定支座高度相同。

（3）将试件放置在支座上，中间层混凝土板中心置于千斤顶中线上，并在其上方架设千斤顶 2（加载用）和百分表，此时记录千斤顶 1 荷载值。

（4）试验加载时，首先对中间层混凝土板底部的千斤顶 1 进行匀速卸载，卸载速度控制在 1~15kN/min 的范围内，记录此时百分表的位移值。

（5）卸载后，使用上方千斤顶 2 对试件施加连续、匀速的荷载，加载速度控制在 1~15kN/min 的范围内，直至试件破坏，记录极限荷载和此时位移大小。

参考文献

[1] 国家建筑标准设计图集《钢筋混凝土结构中预埋件》16G362.

[2] 中华人民共和国住房和城乡建设部.GB 50010—2010 混凝土结构设计规范［S］.北京：中国建筑工业出版社，2015.

[3] 邹先权.大跨度钢管混凝土拱桥吊装施工及监控技术研究［D］.重庆：西南交通大学，2008.

[4] 付兵，刘国华，王振宇.大型钢筋混凝土长柱吊装的最优方案研究［J］.工程力学，2005，1：195-199.

[5] 王秀娟，庞翠翠，吕晓寅，等.钢筋混凝土结构预埋件的计算与分析［J］.科学技术与工程，2010，23：5796-5798.

[6] 殷芝霖，李玉温.钢筋混凝土结构中预埋件的设计方法（四）——轴心受拉和偏心受拉预埋件［J］.工业建筑，1988，7：42-53.

[7] 李嵩.工业建筑预埋件施工方法研究［J］.山西建筑，2014，14：105-107.

[8] 易贤仁，任晓峰.角钢锚筋预埋件承载力试验研究［J］.武汉理工大学学报，2003，11：53-56.

[9] 李康权.螺栓套管预埋件力学性能研究［D］.广州：华南理工大学，2016.

[10] 尹洪冰，罗兴隆，谭金涛，张林在.美国混凝土规范墙体预埋件的计算分析及与中国混凝土规范的对比［A］.中国钢结构协会.

[11] 应小林，周雄杰.混凝土结构预埋件受力探析［J］.中国科技信息，2005，2：125-126.

[12] 预埋件专题研究组.预埋件的受力性能及设计方法［J］.建筑结构学报，1987，3：36-50.

[13] 林安岭.预埋件的制作、安装经验介绍［J］.内蒙古科技与经济，2010，18：84-85.

[14] 王宝珍，张宽权.预埋件计算方法的试验研究［J］.建筑结构学报，1981，2：58-66.

[15] 黄文莉，何雍容.预埋件设计探讨［J］.河北电力技术，2001，4：47-49.

[16] 孙丽思.预制混凝土构件的吊装［J］.重庆建筑，2015，8：54-56.

[17] 赵勇，王晓锋.预制混凝土构件吊装方式与施工验算［J］.住宅产业，2013，Z1：60-63.

[18] 王从锋，徐望梅.预制混凝土构件吊装浅析［J］.建筑安全，2001，12：16-17.

[19] 中华人民共和国住房和城乡建设部.GB/T 51231—2016 装配式混凝土建筑技术标准［S］.北京：中国建筑工业出版社.

[20] 北京市住房和城乡建设委员会.DB11/T 1030—2013 装配式混凝土结构工程施工与质量验收规程［S］.北京：北京城建科技促进会.

[21] WADE G T，PORTER M L，JACOBS D R. Glass-fibercomposite connectors for insulated concrete sandwich walls［R］.Iowa：Iowa State University，1988.

[22] RAMM W. Report concerning shear tests under static loadwith regard to three-layered fa ade panels with an anchoringaccording to the thermomass building system（in German）［R］.Kaiserslautern：University of Kaiserslautern，1991.

[23] RAMM W. Report concerning stress and shear tests withstatic load concerning anchoring of Three-layered fa adepanels according to the Thermomass building system［R］.Kaiserslautern：University of Kaiserslautern，1992.

[24] PORTER M L，BARNES B A. An elemental test series onlow-cycle fatigue behavior of ties subjected to cold tempera-tures and in-plane shear［R］.Iowa：Iowa StateUniversity，1991.

[25] Benayoune A，Abdul Samad A A，Trikha D N，et al. Flexural behavior of pre-cast concrete sand-

wich composite panel experimental and theoretical investigation [J]. Construction and Building Materials, 2007 (12): 677-685.

[26] 张延年, 张洵, 刘明, 等. 夹心墙用环型塑料钢筋拉结件锚固性能试验 [J]. 沈阳建筑大学学报 (自然科学版), 2008, 4: 543-547.

[27] 赵考重, 王莉, 丁云庆. SB 保温墙板连接件的试验研究 [J]. 四川建筑科学研究, 2009, 3: 33-35.

[28] 武强, 陈加伟. 夹心复合墙体拉结筋受力性能分析 [J]. 砖瓦, 2012, 8: 48-51.

[29] 杨佳林, 秦桁, 刘国权, 等. 板式纤维塑料连接件力学性能试验研究 [J]. 塑料工业, 2012, 8: 69-72.

[30] 薛伟辰, 付凯, 李向民. 预制夹芯保温墙体 FRP 连接件抗剪性能加速老化试验研究 [J]. 建筑结构, 2012, 7: 106-108.

[31] 刘若南. 基于强度的预制混凝土夹芯保温墙板连接件设计研究 [D]. 武汉: 武汉理工大学, 2014.

[32] 孟宪宏, 周阿龙, 刘海成, 等. 夹心保温外墙板连接件力学性能试验 [J]. 沈阳建筑大学学报 (自然科学版), 2014, 2: 227-234.

[33] 王雪明. 预制混凝土夹芯墙连接件受力性能及墙体热工性能研究 [D]. 哈尔滨: 哈尔滨工业大学, 2015.

[34] 杨佳林. FRP 连接件在预制混凝土夹心保温墙板中剪力传递机制 [D]. 长春: 吉林建筑大学, 2016.

[35] 王勃. 预制混凝土夹心保温墙板中 FRP 连接件研究 [J]. 吉林建筑大学学报, 2016, 3: 1-3.

[36] 彭志丰. 哈芬槽预埋件在金属幕墙夹芯板系统中的研究及应用 [J]. 钢结构, 2016, 3: 62-65.

[37] 张力. 槽式预埋件在城市综合管廊中的应用 [J]. 施工技术, 2017, 21: 13-17.

[38] 江焕芝. 预制夹心保温墙板钩形钢芯复合连接件拉拔试验研究 [J]. 施工技术, 2017, 2: 124-128.

[39] 上海市住房和城乡建设管理委员会. DG/TJ 08—2158—2017 预制混凝土夹心保温外墙板应用技术标准 [S]. 上海: 同济大学出版社.

[40] 郑艺杰, 张晋. 装配整体式剪力墙结构构件吊装分析 [J]. 施工技术, 2015, 45 (6): 72-76.

[41] 吴二军, 李成才, 胡义, 等. 混凝土预制板与模台的脱模黏结效应研究 [J]. 施工技术, 2017, 16: 44-46.

[42] 中华人民共和国住房和城乡建设部. JGJ 1—2014 装配式混凝土结构技术规程 [S]. 北京: 中国建筑工业出版社, 2014.

[43] 中华人民共和国住房和城乡建设部. GB 50009—2012 建筑结构荷载规范 [S]. 北京: 中国建筑工业出版社, 2012.

[44] 薛伟辰, 姜伟庆, 宋佳峥等. 预制混凝土夹心保温外挂墙体桁架式不锈钢连接件抗拔与抗剪性能试验研究 [J]. 施工技术, 2018, 47 (12): 95-99.

[45] ACI Committee (2005). Building code requirements for structural concrete (ACI 318-05) and commentary (ACI 318R-05). American Concrete Institute.

[46] 中国工程建筑标准化协会. CECS 03: 2007 钻芯法检测混凝土强度技术规程 [S]. 北京: 中国建筑工业出版社, 2008.

[47] 中国土木工程学会. T/CCES0X—2019 预制混凝土构件用金属预埋吊件 (征求意见稿) [S].